自 然 传 奇

地球村的和谐统一

主编：杨广军

花山文艺出版社

河北·石家庄

图书在版编目（CIP）数据

地球村的和谐统一 / 杨广军主编. —石家庄 ： 花
山文艺出版社，2013.4（2022.3重印）
（自然传奇丛书）
ISBN 978-7-5511-0926-0

Ⅰ.①地…　Ⅱ.①杨…　Ⅲ.①生态平衡—青年读物②
生态平衡—少年读物　Ⅳ.①Q146-49

中国版本图书馆CIP数据核字（2013）第080121号

丛 书 名：自然传奇丛书
书　　名：地球村的和谐统一
主　　编：杨广军
责任编辑：尹志秀　甘宇栋
封面设计：慧敏书装
美术编辑：胡彤亮
出版发行：花山文艺出版社（邮政编码：050061）
　　　　　（河北省石家庄市友谊北大街 330号）

销售热线：0311-88643221
传　　真：0311-88643234
印　　刷：北京一鑫印务有限责任公司
经　　销：新华书店
开　　本：880×1230　1/16
印　　张：10
字　　数：150千字
版　　次：2013年5月第1版
　　　　　2022年3月第2次印刷
书　　号：ISBN 978-7-5511-0926-0
定　　价：38.00元

自然传奇丛书

目　录

自然传奇丛书

地球上的生态系统

　　浩瀚星空，群星灿烂。但至今地球仍是一个孤独者，我们还没有给她找到伙伴，还没有发现一个像地球一样存在着生命的星球。地球也是在经过几亿年，甚至几十亿年的进化和发展，才出现了今天的草木林立，鸟语花香。地球上有多少生物？没有人可以回答，这甚至比天文学家对银河系星球数目的估计还要难。地球上的生物不是孤立的，它们是有联系的，它们是通过生物链——生物之间的桥梁联系起来的。也许你会困惑，"这么多生物是怎么联系起来的？生物链又是怎么回事？生物链有什么用？"在这里你将找到答案。不过要想了解生物链，就要先熟悉生物链的基础——生态系统。

▲美丽的家园

生物与环境的完美组合——生态系统

当你走到大山深处，当你走到沙漠戈壁，当你走到茫茫草原，当你走到无边大海，甚至当你走到农田、城市，你会发现它们的环境不同，景观不同，各处的生物组成也各有特点，并且其中的生物和环境之间构成了一个相互作用、物质不断循环、能量不断流动的整体。

▲沙漠生态系统

对，这个整体就是生态系统，它也是生物链存在的基础。在同一个生态系统之中，各种生物通过生物链相互联系、相互影响。

生态系统是指在一定空间区域内生物与非生物环境之间，不断进行物质循环和能量流动，所形成的相互作用、相互依存的统一整体。地球上的森林、草原、荒漠、湿地、海洋、湖泊、河流等，不但它们的外貌有区别，生物组成各有特点，而且还组成了各种各样的生态系统。

生态系统的组成

一个完整的生态系统，主要包括四种组成成分：非生物环境、生产者、消费者、分解者，在这里我们以池塘和草地为实例来说明。

非生物环境

一个生态系统的非生物环境主要包括参加物质循环的无机元素和化合

自然传奇丛书

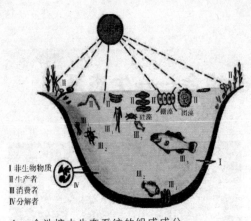

I 非生物物质
II 生产者
III 消费者
IV 分解者

▲一个池塘中生态系统的组成成分

物。如碳元素、硫元素、氮元素、磷元素、钾元素、二氧化碳、氧气等；联系生物与非生物成分的有机物质，如蛋白质、糖类、脂类等；不同的气候，如干旱、洪涝、多风等，以及其他的一些物理条件，如温度、土壤、光、声音、电、磁等。例如，对池塘来说，它的水分、含氧量、淤泥、含盐量、阳光等都是它的非生物环境；对草地来说，土壤中元素的种类和含量、土壤的含水量和通气状况、气候、阳光等都是它的非生物环境。非生物环境是生态系统的根本所在，是一切生物存在和生存的保证。

生产者

一个生态系统的生产者主要是指可以进行光合作用，能够把简单的无机物合成有机物，并且在合成的过程中能够把太阳能转化为化学能储存在有机物中的自养生物，生产者主要分为绿色植物和含有光合色素的藻类。对陆地生态系统来说，绿色植物是其主要的生产者，如草地上的草；对水域生态系统来说，藻类是其主要的生产者，如池塘中的藻类。生产者在生态系统中的作用是不可替代的，是联系非生物环境和生物的关键。

 小知识

1915 年定清明节为植树节。1928 年定 3 月 12 日为纪念孙中山逝世植树及造林运动日。1979 年 2 月第五届全国人民代表大会常务委员会第六次会议决定 3 月 12 日为全国植树节。

消费者

所谓的消费者，是针对生产者而言，也就是说它们不能进行光合作用，不能自己生产食物，只能直接或间接地依赖于生产者所制造的有机物质，因此它们属于异养生物。消费者根据其营养方式的不同又可分为：（1）食草动物：直接以植物为食的动物，如池塘中的浮游动物和一些节肢动物，草地上的食草性昆虫和食草的哺乳动物，食草动物也可称为一级消费者。（2）食肉动物：以食草动物为食的动物，如池塘中以浮游动物为食的鱼类，草地上以食草动物为食的鸟兽，以食草动物为食的食肉动物可以统称为二级消费者。（3）顶级食肉动物：以食肉动物为食的动物，如池塘中的黑鱼、鳜鱼等凶猛鱼类，草地上的鹰隼猛禽，它们也

▲食肉动物

▲杂食动物——麻雀

可称为三级消费者。（4）寄生动物：以其他生物的组织液、营养物或分泌物为食的动物，如寄生在动物身上的蛔虫、虱子等。（5）杂食动物：既可以吃草又可以吃肉的动物，如池塘中的部分鱼类既可吃水草，又可吃小鱼小虾，草地上的麻雀秋冬季以植物为食，夏季则以吃昆虫为生。

分解者

分解者也可以称为还原者，通常是指可以把动植物残体复杂有机物分解为生产者能够重新利用的简单化合物，并释放出能量，其作用和生产者是相反的。分解者主要是真菌、细菌、放线菌等微生物，但部分无脊椎动

自然传奇丛书

物也可以发挥分解者的作用，比如螃蟹、蚯蚓、蜗牛等。在一个生态系统中，分解者的作用是极其重要的，如果没有它们，动植物的尸体将会堆积成灾，物质不能得到循环，生产者没有生产资料，消费者没有食物来源，整个生态系统就要崩溃。

▲蚯蚓是消费者还是分解者？

动动手——制作小生态瓶

▲小生态瓶

小生态瓶，是一个人工模拟的微型生态系统。在一个透明的瓶子中放入一定量的砂子，再加水至瓶子容积的4/5，待瓶内水澄清后，放入一些水草（如茨藻）和水生动物（如椎实螺、环棱螺），然后用凡士林加盖封口，使其成为一个封闭的系统。将制作好的小生态瓶，放于阳面窗台上，使小生态瓶有较好的采光。每天观察，记录小生态瓶内各种生物的生存情况。在实验结束之后，对自己的实验结果做出分析，分析实验成败的原因以及小生态瓶中维持生态系统稳定性的原因。还可以自己多设计几组实验，找出最佳的设计方案。

生态系统的结构

比如在一个学校组成的系统中，首先要有教学楼、课桌、黑板和粉笔等教学用品，没有教学用品就没有办法上课；还要有教师，没有教师，就

自然传奇丛书

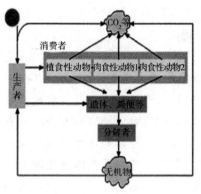

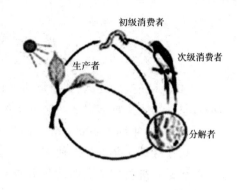

▲一个完整的生态系统的结构组成　　　▲生产者、消费者和分解者的联系

自
然
传
奇
丛
书

没有人传授知识，各种教学用品也无法使用；学生也不能少，没有学生，教学用品就不能发挥它的作用，老师讲课也就没有任何意义了。只有教学用品、教师、学生之间相互联系，形成一个具有完整结构的系统后，学校才能发挥它的正常作用。

地球上有很多生态系统，它们的结构一般是差不多的。生态系统主要分为生产者亚系统、消费者亚系统、分解者亚系统、非生物环境亚系统。从图中我们可以看到，生态系统的各组分之间是相互联系、相互作用的。生产者通过光合作用将非生物环境中的简单物质合成有机物质，消费者摄食生产者制造的有机物质（包括食草动物的直接摄食和食肉动物的间接摄食），通过自身的消化、吸收，再合成自身需要的有机物质，分解者又把动植物残体中复杂的有机物质分解为生产者能够重新利用的简单的化合物，并释放到非生物环境中。

生产者亚系统、消费者亚系统、分解者亚系统、非生物环境亚系统四个亚系统之间通过能量流动和物质循环所形成的高层次生物组织，是一个物种间、生物与环境间协调共生、持续生存和相对稳定的系统，它是地球上生物与环境、生物与生物长期共同进化的结果。向自然界寻找这些协调共生、持续生存和相对稳定的机理，能给人类科学地管理好地球以启示，真正地达到和谐的发展、可持续的发展。

生态平衡

　　1905 年以前，美国亚利桑那州凯巴草原的黑尾鹿群保持在 4000 头左右的数量。为了发展鹿群，政府有组织地捕猎美洲狮和狼，鹿群数量开始上升，到 1918 年约为 40000 头，1925 年鹿群数量达到最高峰，约有 10 万头。但由于连续 7 年的过度使用，草场极度退化，鹿群的食物短缺，又由于没有天敌，鹿群中的老弱病残不能被及时淘汰，使鹿群整体身体质量下降，导致疾病流行，结果造成鹿群数量猛减。为了重新发展，美国政府不得不从外地引进狮和狼来控制鹿群的数量。

▲两种生物数量上形成的平衡

　　这是为什么呢？这是因为凯巴草原上鹿群及其天敌狮和狼之间的平衡被人为地破坏，生态系统失调，这种维持生态系统稳定的平衡也就是我们所说的生态平衡。

生态平衡是指生态系统通过发育和调节所达到的一种稳定状况，它包括结构上的稳定，功能上的稳定，能量输入和输出的稳定。

　　生态平衡又是动态的平衡，因为能量流动和物质循环总在不间断地进行，生物个体也在不间断地进行更新。在自然条件下，生态系统总是朝着种类多样化、结构复杂化、功能完善化的方向发展，直到生态平衡达到最稳定的状态。

万花筒

生态危机

　　生态危机是指由于人类盲目活动而导致局部地区甚至整个生物圈结构和功能的失衡，从而威胁到人类的生存。生态平衡失调的初期往往不容易被人类觉察，如果一旦发展到出现生态危机，就很难在短期内恢复平衡。

自然传奇丛书

解决人类生存危机的科学——生态学

生态学，是德国生物学家赫克尔于1866年定义的一个概念，即生态学是研究生物与生物之间、生物体与其周围环境之间相互关系的科学。随着人们对人口、资源环境等问题的普遍关注，生态学，这种可以解决人类生存危机的科学已经受到了世界各界人士的重视。因此生态学已经成为国内外科研及教育的重点对象。那么，究竟什么是生态学？它研究的对象是什么？它的发展历程以及发展趋势又是什么？认真阅读，你就可以了解这种神奇的科学。

▲德国生态学家赫克尔

生态学的研究对象

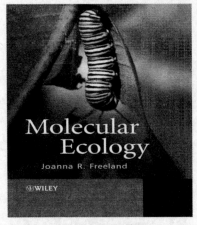

▲《分子生态学》杂志封面

由于生物是呈等级组织存在的，有生物大分子—基因—细胞—个体—种群—群落—生态系统—景观直至生物圈。过去生态学主要研究个体以上的层次，被认为是宏观生态学，但近年来除继续向宏观方向发展外，同时还向个体以下的层次渗透，20世纪90年代出现了分子生态学，并由HarrySmith于1992年创办了《分子生态学》杂志。

由此可见从分子到生物圈都是生态学研究的对象。生态学涉及的环境也非常复杂，从无机环境、生物环境到人与人类社会，以及由人类活动所导致的环境问题，因此生态学所研究的范围也异常广泛。

生态学的发展历程

生态学的发展大致可分为萌芽期、形成期和发展期三个阶段。

萌芽期

古人在长期的农牧渔猎生产中积累了朴素的生态学知识，诸如作物生长与季节气候及土壤水分的关系、常见动物的物候习性等，这便是生态学思想的萌芽。公元1世纪古罗马老普林尼的《博物志》、6世纪中国农学家贾思勰的《齐民要术》等均记述了素朴的生态学观点。

▲贾思勰

形成期

进入17世纪以后，随着人类社会经济的发展，生态学作为一门科学开

▲丹麦哥本哈根大学

▲Nature为纪念《物种起源》发表150周年专辑

自然传奇丛书

始成长。例如，瑞典博物学家林奈首先把物候学、生态学和地理学观点结合起来，综合描述外界环境条件对动物和植物的影响。法国博物学家布丰强调生物变异基于环境的影响。德国植物地理学家洪堡创造性地结合气候与地理因子的影响来描述物种的分布规律。

进入 19 世纪以后，生态学得到很大发展，并日趋成熟。1851 年达尔文在《物种起源》一书中提出自然选择学说，强调生物进化是生物与环境交互作用的产物，引起了人们对生物与环境的相互关系的重视，更促进了生态学的发展。1866 年赫克尔提出了生态学一词，并首次提出了生态学定义。1895 年丹麦哥本哈根大学 Warming 的《植物分布学》和 1898 年德国波恩大学 Schimper 的《植物地理学》两部划时代著作，全面总结了 19 世纪末叶以前的生态学研究成就，被公认为生态学的经典著作，标志着生态学作为一门生物学的分支科学的诞生。

发展期

20 世纪 50 年代以来，生态学吸收了数学、物理、化学工程技术科学的研究成果，沿精确定量方向前进并形成了自己的理论体系。数理化方法、精密灵敏的仪器和电子计算机的应用，使生态学工作者有可能更广泛、深入地探索生物与环境之间相互作用的物质基础，对复杂的生态现象进行定量分析；整体概念的发展，产生出系统生态学等若干新分支，初步建立了生态学理论体系。

生态学发展的趋势

20 世纪 60 年代以来，由于工业的高度发展和人口的大量增长，带来了许多全球性的问题，例如环境问题、人口问题、资源问题和能源问题等，涉及人类的生死存亡。人类居住环境的污染、自然资源的破坏与枯竭、加速的城市化和资源开发规模的不断增长，迅速改变着人类自身的生存环境，造成对人类未来生活的威胁。

为了寻找解决这些问题的科学依据和有效措施，国际生物科学联合会制定了"国际生物计划"，对陆地和水域生物群系进行生态学研究。

和许多自然科学一样，生态学的发展趋势是：由定性研究趋向定量研究，由静态描述趋向动态分析，逐渐向多层次的综合研究发展，与其他某些学科的交叉研究日益显著。

万花筒

　　1972年联合国教科文组织等继国际生物科学联合会之后，设立了人与生物圈国际组织，制定"人与生物圈"规划，组织各参加国开展森林、草原、海洋、湖泊等生态系统与人类活动关系以及农业、城市、污染等有关的科学研究。

点击——生态学与其他学科

　　从人类活动对环境的影响来看，生态学是自然科学与社会科学的交汇点；在方法学方面，研究环境因素的作用机制离不开生理学方法，离不开物理学和化学技术，而且群体调查和系统分析更离不开数学的方法和技术；在理论方面，生态系统的代谢和自稳态等概念基本是引自生理学，而由物质流、能量流和信息流的角度来研究生物与环境的相互作用则可说是由物理学、化学、生理学、生态学和社会经济学等共同发展出的研究体系。

自然传奇丛书

食物决定一切——食物链和食物网

在一个完整的生态系统中，说到底，正是因为生物与生物之间的食物关系，才形成了生物链。因此可以说，在生态系统中，食物决定一切。既然食物这么重要，那么生物与生物之间因为食物而形成的链状关系到底是怎么样的？每一物种对维持这种链状关系的重要程度又是怎么样的？如果部分物种的灭绝会给生态系统造成什么样的影响？

▲我们人类的食物

如果你对这些问题感兴趣，那么下面就让我们一起来探索一下生态系统中的食物链、食物网和营养级。

食物链与食物网

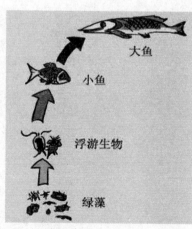

▲一条捕食食物链

生产者所固定的能量和物质，通过一系列取食和被食的关系在生态系统中传递，各种生物按其食物关系排列的链状顺序称为食物链。大鱼吃小鱼，小鱼吃虾米；螳螂捕蝉，黄雀在后等都是生态系统中常见的食物链。

按照生物与生物之间的关系可以将食物链分成捕食食物链、碎食食物链、寄生食物链、腐生食物链四种类型。

捕食食物链

我们平常所说的食物链通常就是指捕食食物链，它是指一种活的生物取食另一种活的生物所构成的食物链。捕食食物链都是以生产者为食物链的起点。如在草原上，青草——→老鼠——→狐狸——→狼，在湖泊中，藻类——→甲壳类——→小鱼——→大鱼。

碎食食物链

碎食食物链指以碎食（如植物的枯枝落叶）为食物链的起点的食物链。

▲菟丝子寄生在其他植物上

其构成方式一般为：碎食物——→碎食物消费者——→小型肉食性动物——→大型肉食性动物。在森林中，有90％的净生产力是以食物碎食的方式被消耗的。

寄生食物链

寄生食物链是由宿主和寄生物组成的，一般以大型动植物为食物链起点，继之以小型动物、微型动物、细菌、病毒构成，后者对前者是寄生的关系。如哺乳动物——→虱子——→原生动物——→细菌——→病毒。

腐生食物链

▲由朽木和真菌构成的腐生性食物链

腐生食物链指以动植物的遗体为食物链的起点，腐烂的动植物遗体被土壤或水体中的微生物分解利用，后者与前者是腐生性关系。

生态系统之中的食物链不是固定不变的，不仅在进化历史上有改变，在短时间内也有改变。比如，在恐龙

自然传奇丛书

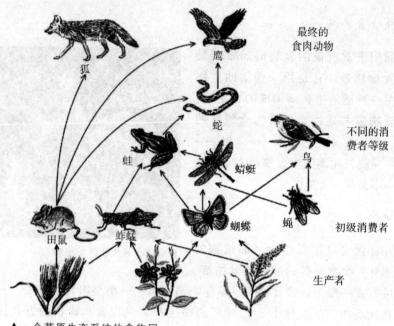

最终的
食肉动物

鹰

蛇

不同的消
费者等级

蛙

蜻蜓

鸟

田鼠

蚱蜢

蝴蝶

蝇

初级消费者

生产者

▲一个草原生态系统的食物网

即将灭绝时期，由于环境的变化，部分肉食性恐龙没有足够的食物，为了生存，经过长期地逐渐地进化，发展成为杂食性动物，造成了食物链的改变。还有一些动物，比如青蛙，在其个体发育的不同阶段，它的食物会发生改变，造成食物链的改变。

生态系统中，生物之间的营养关系绝不会像食物链那么简单，而是存在着错综复杂的联系。食物链之间彼此交错联结，形成一个大的网状结构，就形成了食物网。上图便是一个陆地生态系统食物网的一部分。

一般说来具有复杂食物网的生态系统，一种生物的消失不会造成系统的失调，但是对食物网简单的生态系统，尤其是在生态系统的功能上起关键作用的物种，一旦消失或被破坏，就可能造成生态系统的失调或崩溃。例如：对热带雨林来说，由于其生物种类繁多，构成的食物网复杂，因此

在一个生态系统中，如果部分物种的灭绝，会给整个生态系统带来怎么样的影响？

其中某种生物的灭绝对生态系统的影响微乎其微；苔原生态系统结构简单，地衣是食物网的基础，若地衣遭到破坏，大面积死亡，将会导致整个生态系统的崩溃。

点击——营养级

　　自然界中的食物链和食物网是物种与物种之间的营养关系，但这种关系错综复杂，目前来看没有一种食物网示意图能够真实地反映出自然界食物网的复杂性。实际上这种错综复杂千丝万缕的关系是无法用图解表示出来的，为了便于更好地了解生态系统，生物学家提出了营养级的概念。一个营养级是指处于食物链某一环节上的所有生物种的总和。这样的话，生态系统中所有的生产者就构成了第一营养级，所有的一级消费者构成了第二营养级，所有的二级消费者就构成了第三营养级，以此类推，还可以有第四营养级、第五营养级。

自然传奇丛书

生物链的灭顶之灾——生物灭绝

生物灭绝又叫生物绝种，它并不总是匀速、逐渐进行的，经常会有大规模的集群灭绝，即生物大灭绝。在生物灭绝的过程中会出现整科、整目甚至整纲的生物在很短的时间内彻底消失或仅有极少数残存下来的情况。生物灭绝是可怕的，因为它会给生态系统中的生物链带来灭顶之灾。

那么，究竟是什么造成了生物灭绝？在生物发展的历史上总共经历了多少次生物灭绝？每一次生物灭绝的过程是什么？造成的结果又是什么？在这里，将一一为你讲述地球上的历次生物灭绝。

▲古代海洋生物化石

从生物发展的历史来看，大规模的生物灭绝有一定的周期性，大约6200万年就会发生一次，并且在生物灭绝的过程中，无论生物在生态系统中的地位如何，都逃不过这次劫难。

第一次生物灭绝

第一次生物大灭绝又称为奥陶纪大灭绝，发生在距今 4.4 亿年前的奥陶纪末期，导致大约 85％的物种灭绝。奥陶纪是古生代的第二个纪，开始于距今 5 亿年前，延续了 6500 万年，奥陶纪亦分早、中、晚三个世，奥陶纪是地质史上海侵最广泛的时期之一。

▲泛大陆

古生物学家认为这次物种灭绝是由全球气候变冷造成的。在大约4.4亿年前，现在的撒哈拉所在的陆地曾经位于南极，当陆地汇集在极点附近时，容易造成厚厚的积冰。大片的冰川使洋流和大气环流变冷，整个地球的温度下降了，冰川锁住了水，海平面也降低了，原先丰富的沿海生态系统被破坏了，导致了85％的物种灭绝。

自然传奇丛书

第二次生物灭绝

第二次生物大灭绝又称为泥盆纪大灭绝，发生在距今3.65亿年前的泥盆纪后期，使海洋生物遭受了灭顶之灾。泥盆纪是脊椎动物飞跃发展的时期，鱼类相当繁盛，各种类别的鱼都有出现，故泥盆纪被称为"鱼类的时代"。最重要的是从总鳍类演化而来的，两栖类、爬行类的祖先——四足类（四足脊椎动物）的出现。对古气候的研究表明，第二次物种大灭绝的原因也是地球气候变冷和海洋退却。

▲恐龙化石

第三次生物灭绝

第三次生物大灭绝又称为二叠纪大灭绝，发生在距今2.5亿年前的二叠纪末期，导致超过95％的地球生物灭绝。二叠纪是古生代的最后一个纪，开始于距今约 2.95 亿年前，共经历了 4500 万年，分为早、中、晚三世。在二叠纪末期，发生了有史以来最严重的大灭绝事件，估计地球上有96％的物种灭绝，其中90％的海洋生物和70％的陆地脊椎动物灭绝。

科学家认为，在二叠纪曾经发生海平面下降和大陆漂移，是造成物种大灭绝的主要原因。那时，所有的大陆聚集成了一个联合的古陆，富饶的海岸线急剧减少，大陆架也缩小了，生态系统受到了严重的破坏，很多物种的灭绝是因为失去了生存空间。

点击

在第三次生物大灭绝中，使得占领海洋近 3 亿年的主要生物从此衰败并消失，让位于新生物种类，生态系统也获得了一次最彻底的更新，同时也为恐龙等爬行类动物的进化铺平了道路。

第四次生物灭绝

第四次生物大灭绝又称为三叠纪大灭绝，发生在距今 2亿年前的三叠纪晚期，爬行类动物遭遇重创。三叠纪位于二叠纪和侏罗纪之间，始于距今2.5 亿年前，延续了约 5000 万年，是爬行动物和裸子植物的崛起时期。在三叠纪末期，估计有 76％的物种，其中主要是海洋生物在这次灭绝中消失。这一次灾难并没有特别明显的标志，只发现海平面下降之后又上升了，出现了大面积缺氧的海水。

▲国宝熊猫

自然传奇丛书

第五次生物灭绝

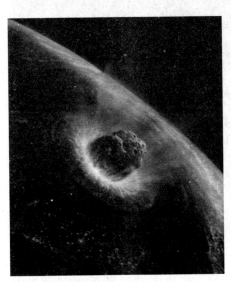

▲小行星撞击地球

第五次生物大灭绝又称为白垩纪大灭绝或恐龙大灭绝，发生在距今6500万年前后，使得侏罗纪以来长期统治地球的恐龙灭绝了。

白垩纪是中生代的最后一个纪，始于距今1.37亿年前，其间经历了7000万年。白垩纪是中生代地球表面受淹没程度最大的时期，无论是无机界还是有机界在白垩纪都经历了重要变革。在白垩纪末期，约75％～80％的物种灭绝，长达14000万年之久的恐龙时代在此终结，为哺乳动物及人类的最后登场提供了契机。

这一次灾难来自地外空间和火山喷发，在白垩纪末期发生的一次或多次陨星雨造成了全球生态系统的崩溃。撞击使大量的气体和灰尘进入大气层，以至于阳光不能穿透，全球温度急剧下降，植物不能从阳光中获得能量，海洋中的藻类和成片的森林逐渐死亡，食物链的基础环节被破坏了，大批的动物因饥饿而死。

1.为什么在侏罗纪以来长期统治地球的恐龙灭绝了？

2.面对恐龙的灭绝，作为当代地球的"霸主"，给我们人类什么启示？

第六次生物灭绝

自从人类出现以后，特别是工业革命以后，由于人类只注意到具体生

自然传奇丛书

物源的实用价值，而忽视了生物多样性间接和潜在的价值，对其肆意地加以开发，使地球生命维持系统遭到了人类严重的破坏。科学家估计，如果没有人类的干扰，在过去的 2 亿年中，平均大约每 100 年有 90 种脊椎动物灭绝，平均每 27 年有一个高等植物灭绝。在此背景下，人类的干扰，使鸟类和哺乳类动物灭绝的速度提高了 100～1000 倍。

经粗略测算，400 年间，生物生活的环境面积缩小了 90％，物种减少了一半，其中由于热

▲北京麋鹿苑灭绝动物的石碑群

带雨林被砍伐对物种损失的影响更为突出。估计从 1990 年至 2020 年由于砍伐热带森林引起的物种灭绝将使世界上的物种减少 5％～15％，即每天减少 50～150 种。在过去的 400 年中，全世界共灭绝哺乳动物 58 种，大约每 7 年就灭绝一个种，这个速度较正常化石记录高 7～70 倍；在 20 世纪的 100 年中，全世界共灭绝哺乳动物 23 种，大约每 4 年灭绝一个种，这个速度较正常化石记录高 13～135 倍。

万花筒

人类在地球上的地位

1. 人类是地球生物进化的产物，是生物圈的一部分，因此人和生物圈的其他生物一样受到生态系统的约束。

2. 人类和其他动、植物的不同之处在于能够为自身的生存创造条件，主动地改变环境，干扰和影响环境，因此人类对保护地球环境就负有更大的责任。

点击——正在倒塌的"多米诺骨牌"

在北京南郊大兴南海子的麋鹿苑内，有一处特殊的墓地——灭绝野生动物墓地。墓地中摆放着一组特殊的多米诺骨牌，176块骨牌依次排列，铺开了100多米。每一块墓碑代表着一种已经或将要灭绝的动物，其中前145块一块压向一块地倒下，每块墓碑上刻着一种动物的名称及灭绝的年代。第146块半倒不倒，上面刻着"白鳍豚"。在墓碑即将接近终

▲灭绝野生动物墓地的墓志铭

点的地方，一只巨大的手形雕像矗立着，阻止骨牌继续倒塌。在手的身后，是30块还未倒塌的墓碑。其中，最后三块墓碑依次是：麻雀、人类、老鼠。

生物多样性受到有史以来最为严重的威胁，生存问题已从人类的范畴扩展到地球上相互依存的所有物种，不断攀升的数字敲响了世纪末日的警钟，人类改造世界的美梦蒙上了一层阴影，不少人惊恐地自问：不曾孤独来世的人类，难道注定要孤独地离开？答案也许可以从150年前一位印第安酋长的话中找到——"地球不属于人类，而人类属于地球"。

生命的摇篮——各种各样的生态系统

▲生命摇篮

生态系统是生物链的基础，是生物与环境的完美组合。但是地球上的生物各种各样，既有"虾兵蟹将"，又有"飞鸟走兽"。因此地球上必须有各种各样类型的生态系统。地球上究竟有多少种类型的生态系统？每种类型的生态系统各有什么特点？它们之间又有什么区别？不要急，在这里我将带领你们去探索这神秘的世界，去寻找那完美的答案。

自然传奇丛书

生 物 圈

生物圈，是地球上所有的生物以及所有的生存环境共同组成的生态系统，也是地球上最大的生态系统。

具体来说，地球上存在生命的部分称为生物圈，是由大气圈的下层（对流层）、水圈和岩石圈的上层（风化壳）组成。生物圈的范围在地表以上可达23千米的高空，在地表以下可以延伸到12千米的深度。

由此可见，生物圈是一个复杂的、全球性的开放系统，是一个生命物质与非生命物质的自我调节系统。它的形成是生物界与水圈、大气圈及岩石圈（土

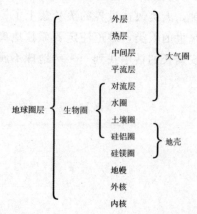

地球圈层	生物圈		
		外层	大气圈
		热层	
		中间层	
		平流层	
		对流层	
		水圈	
		土壤圈	
		硅铝圈	地壳
		硅镁圈	
		地幔	
		外核	
		内核	

壤圈）长期相互作用的结果。

总之，地球上有生命存在的地方均属生物圈。生物的生命活动促进了能量流动和物质循环，并引起生物的生命活动发生变化。生物要从环境中取得必需的能量和物质，就得适应环境，环境发生了变化，又反过来推动生物的适应性，这种反作用促进了整个生物界持续不断的变化。我们必须明白，人也是生态系统中扮演消费者的一员，人的生存和发展离不开整个生物圈的繁荣。因此，保护生物圈就是保护我们自己。所以，从现在开始，关心爱护你身边的生态环境，共同营造我们的绿色家园吧！

万 花 筒

生物圈一词的由来

生物圈一词是由奥地利地质学家 E. Suess 于 1875 年提出的，但当时没有引起人们的注意，50 年后，苏联地质学家 V. I. Vernadsky 于 1926 年发表了著名的"生物圈"演讲，这一概念才引起广泛关注。

水域生态系统

众所周知，地球表面 71％ 的面积是被水覆盖，水的总量约为 13.6 亿立方千米，其中 97.3％ 存在于海洋，地球上大部分生物也主要分布在海洋中。因此水域生态系统是地球上主要的生态系统，而海洋生态系统又是水域生态系统的主要组成。除此之外，水域系统还包含淡水生态系统。

小 知 识

地球表面总面积中水体面积占 71％，水体总量达 13.6 亿立方千米，其中的 97.5％ 是不能直接使用的咸水。淡水资源只占 2.5％，2.5％ 的淡水资源中又有 69％ 的储量以固体冰川和永久冻冰的形态存在，难以为人类利用。

淡水生态系统

淡水生态系统包含江河、溪流、泉水、湖泊、池塘、水库的陆地水

自然传奇丛书

▲湖泊

体，总面积为 4500 万平方千米，水的来源主要是靠降水补给，含盐度低。根据水流速度的不同，可以把淡水生态系统分为流水和静水两类，它们之间常有过渡类型，如水库等，有时很难把静水和流水截然分开。

流水生态系统包括江、河、泉、水渠等。流水生态系统一般起源于山区，纵横交错的各级支流汇合成江河，注入大海。流水生态系统是陆地与海洋联系的纽带，在生物圈的物质循环中起着主要作用。河流生态系统水的持续流动性，使其中溶解氧比较充足，层次分化不明显。

静水生态系统包括湖泊、池塘、沼泽、水库等。静水其实并非绝对静止，只是水流没有一定的方向，水的流速缓慢。在静水生态系统中，由滨岸向中心，由表层到深层，又可划分为滨岸区、表水区、深水区。表水层因为光照充足，温度比较高，浮游植物占优势，氧气含量比较充足，因此吸引了众多的消费者，如浮游动物和多种鱼类。深水层则由于光线微弱，不能满足绿色植物生长的需要，故常常以底栖动物和厌氧细菌为主。

海洋生态系统

地球上海洋的总面积约为 3.6 亿平方千米，占地球面积的 70% 以上，平均水深 2750 米，占全球水量的 97%，是生物圈内面积最大、层次最厚的生态系统。从海岸线到远洋，从表层到深层，随着水的深度、

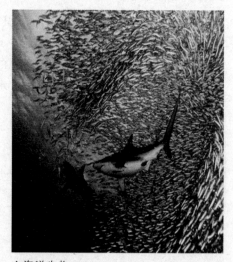

▲海洋生物

温度、光照和营养物质状况不同，生物的种类、活动能力和生产水平等差异很大，从而形成了不同区域的亚系统。一般情况下，把海洋生态系统划分为沿岸带、大洋带和深海带。

　　沿岸带是指海陆连接处以及大陆架水深 200 米以内的沿岸及浅海底部和水层区，这个地带接受了陆地输入的大量营养物质，故营养丰富，生产力高，但也是最容易受陆地污染物影响的地带。大洋带包含沿岸带范围以外的全部开阔大洋的上层水域，面积广大，海水理化条件较稳定，盐度高但变化小，潮汐和波浪对生物的生长影响不大，阳光充足，温度在不同地方差异较大。深海带指深度在 200 米以上的大洋底部区域。深海带海水化学组成比较稳定，温度终年较低，平均盐度高，含氧量稳定而低，压力较大。深海带环境特殊，只有少数能适应深海条件的动物才能在此生存。

点击——海洋的价值

　　海洋占地球表面积的 71％，是富饶而未充分开发的自然资源宝库。海洋自然资源包括海域资源、海洋生物资源、海洋能源、海洋矿产资源、海洋旅游资源、海水资源等。海洋资源开发已经对世界经济的发展作出了重大贡献。据联合国秘书长报告的资料，目前世界国民经济总量为 23 万亿美元，其中海洋经济约 1 万亿美元，占 4％以上。全球陆地为人类提供的生态价值 12 万亿美元，海洋提供的生态价值 21 万亿美

▲近海的渔业养殖

元。随着陆地战略资源的日益短缺，沿海各国不断加大向海洋索取资源的力度和强度，重视对海洋"蓝色国土"的开发利用和保护。

陆地生态系统

　　一提到"飞鸟走兽"，大家立即就会想到陆地，因为这些动物都是生

自然传奇丛书

活在陆地上的。但是陆地有多种地形，有巍巍高山，有茫茫草原，有高原也有荒漠，因此陆地上存在着许多不同形式的生态系统。

森林生态系统

森林生态系统仍为地球上最主要的生态系统，在人类大规模砍伐前，世界林地面积约占地球陆地总面积的45.8％。地球上的森林主要有四种类型：热带雨林、常绿阔叶林、落叶阔叶林、针叶林。

热带雨林分布在赤道及其两侧的湿润地区，是目前地球上面积最大、对维持人类生存环境起作用最大的森林生态系统。常绿阔叶林是指分布在亚热带湿润气候条件下并以常绿阔叶树种为主要组成的生态系统。落叶阔叶林是指分布在温带地区，以落叶乔木为主的森林。针叶林分布于北半球高纬度地区，由松、杉类植物形成的森林，气候寒冷，土壤有永冻层，不宜耕作，自然面貌保存较好。

点击

根据1999～2003年全国第六次森林资源清查资料，我国森林覆盖率为18.21％，还有大面积的荒山荒地适于发展林业。

草原生态系统

▲温带草原

草原与森林一样，是地球上最主要的生态系统之一，世界草原总面积是陆地总面积的1/6。草原生态系统中多年生草本植物占优势，在原始状态下，常有各种善于奔跑或营穴居生活的食草动物栖居其中。

根据草原组成和地理分布，可分为温带草原和热带稀树草原两类。温带草原通常指有低温旱生多年生草本植物组成的植物群落，分布于南北半球的中纬度地带。热带稀树草原是一

自然传奇丛书

类含有散生乔木的喜阳耐高温旱生草原群落，其特点是高大禾草草原背景上稀疏散生着旱生独株乔木。

荒漠生态系统

荒漠是地球上最干旱的，它是由超旱生的灌木、半灌木或小半灌木占优势的一类生物群落，主要分布在亚热带干旱区，往北可延伸到温带干旱区。

湿地生态系统

湿地是介于陆地和水生环境之间的过渡带，既兼具两类生态系统的某些特征，又形成了独特的生态系统类型，广泛分布于世界各地，是自然界最富生物多样性的生态景观和人类最重要的生存环境之一。

 点击

1971年的《拉姆萨尔公约》将湿地定义为，"湿地系指，长久或暂时性的沼泽地、湿原、泥炭地或水地带，带有或静止或流动、或为淡水、半咸水体者，包括低潮时不超过6米的水域"。据统计，全世界共有湿地860万平方千米，约占陆地总面积的6%。

延伸阅读——黄河湿地国家级自然保护区

黄河湿地国家级自然保护区位于河南省新乡市东部，卫辉市和延津县接壤的黄河故道以及封丘县境内的黄河滩涂和背河洼地。保护区总面积22780公顷，其中核心区面积7973公顷，缓冲区面积7290公顷，实验区面积7517公顷。1988年经河南省人民政府批准建立，1996年晋升为国家级，主要保护对象为天鹅、鹤类等珍禽及内陆湿地生态系统。

本区地处中国暖温带向亚热带的过渡区，其地貌特征为黄河改道后历史遗留下来的背河洼地、槽形洼地和广阔的黄河滩涂，水源来自汛期的地表径流、黄河水和地下水。

自然传奇丛书

▲美丽的湿地

▲黄河湿地国家级自然保护区

保护区内具有生态多样性丰富的特点。湿地环境优越，区内水域、滩涂广阔，野生动植物资源丰富，鸟类众多，是黄河中下游平原人口稠密区交通发达地带遗存下来的较大的一块湿地，动植物的北方物种、南方物种和广布种十分丰富，是冬候鸟的越冬北界。已知动物 867 种，其中鸟类 175 种，兽类 22 种，两栖和爬行类 27 种，鱼类 63 种，其他动物（软体动物、节肢动物等）143 种。属国家一级保护的动物有黑鹳、白鹳、金雕、白肩雕、大鸨、白头鹤、白鹤、玉带海雕、丹顶鹤、白尾海雕 10 种。具有重要的生物多样性保护意义和潜在的科研开发及生态旅游价值。

地球上生物链的物质循环

宇宙是由物质构成的，生命也是由物质构成的，运动是物质存在的形式，同时也正是因为有生物链的存在，物质才有可能运动，得到循环。生态系统从大气、水体、土壤等环境中获取营养物质，通过植物的吸收进入，被其他生物重复利用，最后又归还到环境中的过程称为物质循环。生态系统中流动着的物质是贮存化学能的载体，又是维持生命活动的物质基础。研究和了解各种物质在不同生态系统中的循环途径、特点、转化和影响因素，有利于我们更好地了解和正确处理人类当前所面临的生态环境问题，比如温室气体的过量排放造成的全球气候变暖问题，含硫、氮等元素的化石燃料的燃烧所造成的酸雨问题，以及水体的富营养化等问题。

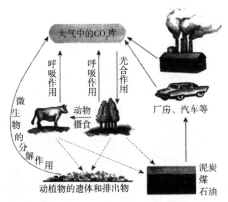

▲ 碳循环

地球的血液循环——水循环

水对于地球来说，就像血液对人一样重要。水和水循环对于维持生物链有着重要的意义，水是生态系统中生命必需元素得以不断运动的介质，水在一个地方将岩石侵蚀，在另一个地方将物质沉降下来，带着大量的化合物周而复始的循环，极大地影响着各类营养物质在地球上的分布。水循环是地球上其他物质循环的基础，要想了解物质循环，就必须先了解地球的血液循环——水循环。

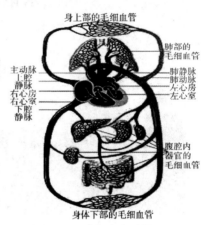

身上部的毛细血管
肺部的毛细血管
肺静脉
肺动脉
左心房
左心室
主动脉
上腔静脉
右心房
右心室
下腔静脉
腹腔内器官的毛细血管
身体下部的毛细血管

▲人体的血液循环

自然传奇丛书

水是地球上最丰富的无机化合物，也是生物组织中含量最多的一种化合物。水具有可溶性、可动性和比热容高等理化性质，因此它是地球上一切物质循环和生命活动的介质。没有水循环也就没有物质循环；没有水循环，生态系统就无法启动，生命就会死亡。

地球上的水时刻都在运动，不断地从一个系统输出，进入另一个系统。陆地水、大气水、海洋水通过固体、液体和气体的三相变化，不断地进行着交换和运输，这种变换形成了水循环的独特性。

水的运动包括水平移动和垂直移动。水平移动，在地面是以液态水自

▲降雨

高向低的流动，在空气中以气态水随气流移动。垂直移动主要是指由于阳光照射，江、河、湖、海和土壤中的一部分水变成水蒸气，进入大气。植物从根部吸水，经蒸腾作用以及动物体表蒸发出来的水分进入大气中，以及大气中的水蒸气遇冷，以雨、雪等形式回到地面。

水循环的过程

▲水循环的示意图

水的主要蓄库是海洋。在太阳能的作用下通过蒸发把海水转化成水汽，进入大气。在大气中，水汽遇冷凝结，迁移，又以雨的形式回到地面或海洋。当降水到达地面时，有的直接落到地面上，有的落在植物群落中，有的落在城市的街道和建筑物上，有的直接落入江河湖泊和海洋。

▲地表径流

降水、蒸发和径流是水循环过程的三个最主要环节，这三者构成的水循环途径决定着全球的水量平衡，也决定着一个地区的水资源总量。

蒸发是水循环中最重要的环节之一。大气中的水汽主要来自海洋表面的蒸发，另一部分来自大陆表面的蒸发。大气层中水汽的循环是蒸发—凝结—降水—蒸发的周而复始的过程。海洋上空的水汽可被输送到陆地上空凝结降水，称为外来水汽降水；大陆上空的水汽直接凝结降水，称为内部水汽降水。全球的大气水分交换的周期为 10 天，在水循环中水汽输送是最活跃的环节之一。

▲河水中携带了大量泥沙

地球上的降水量和蒸发量总的来说是相等的，也就是说，通过降水和蒸发这两种形式，地球上的水分达到平衡状态。但是不同的表面，不同的地区的降水量和蒸发量是不同的。就海洋和陆地来说，海洋的蒸发量占全球总蒸发量的 84%，陆地只有 16%；海洋的降水量占全球总降水量的 77%，陆地占 23%。由此可见，海洋的降水比蒸发少 7%，而陆地的降水比蒸发多 7%，海洋和陆地的降水差异是通过江河不断地把水输送到海洋，以弥补海洋每年因蒸发量大于降水量而产生的亏损，从而达到全球性水循环的平衡。

地表径流是一个地区的降水量与蒸发量的差值。这些地表径流能够溶解和携带大量的营养物质，把各种营养物质从一个生态系统搬运到另一个生态系统，以补充某些生态系统营养物质的不足。由于携带着营养物质的水总是从高处向低处流，所以高地往往比较贫瘠，而低地则比较肥沃，例如沼泽地和大陆架就是这种比较肥沃的低地，是地球上生产力最高的生态系统之一。

生物圈中水的循环平衡是靠世界范围内的蒸发与降水来调节的。由于地球表面的差异和距太阳远近的不同，水的分布不仅存在着地域上的差异，还存在着季节上的差异。

水循环的特点

1. 生物发挥着巨大作用。生物，特别是植物在水循环中作用巨大，每生产1克的初级生产量，植物差不多要蒸腾500克的水。据估计，陆地生态系统中的植物每年通过蒸腾作用，可蒸发55万亿吨的水。

2. 水的时空分布是不均衡的。低纬度地区多于高纬度地区。赤道低纬度地区是地球上最大的降雨区。

3. 地球上各种水体的周转时间不同。各种水体，除生物水外，以大气水和河川水的周转时间最短，一般都在两周以内，地表以下的水，一般停留10～100年，大量淡水以冰的形式储存在南极和格陵兰冰层中，平均停留0.1万～10万年。

点击

植物的蒸腾作用

蒸腾作用是指水分从活的植物体表面以水蒸气状态散失到大气中的过程。它与物理学的蒸发过程不同，蒸腾作用不仅受外界环境条件的影响，而且还受植物本身的调节和控制。

人类活动对水循环的影响

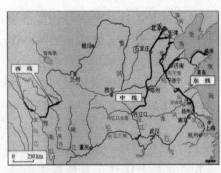

▲南水北调工程

人类对水循环的影响是多方面的。如修筑水库可扩大自然蓄水量，围湖造田又使自然蓄水量减小，地下水的过度开采利用，会使某些人口集中的地区出现地下水水位和水质量下降。

空气污染和降水。空气污染影响水的质和量，空气中水汽的凝结出现在颗粒表面。污染引起细微颗粒的增加，刺激了水汽凝结过程而影响降水。近年来，化石燃料所产生的空气污染使城市处于下风位的地区降水量明显增加。空气污染也影响降水的水质。除酸雨外，近代降水中的铅含量有所增加。由此可见，空气污染不只影响空气，而且影响水质，会污染许多淡水水域。

改变地面，增加径流。城市和市郊的发展，使地表变硬而不透水，增加径流，减少浸润入土壤的水分。径流的增加带走一路上的颗粒物、污染物，使江河湖泊的沉积量增大。河流中大量的泥沙和污染物使得河流透明度降低，光线的透入减少，光合作用随之减少，造成河流中生物数量的减少。另外，开矿、农业耕作、森林砍伐等都会使水土流失增加，河流湖泊变浅。

▲城市降雨后雨水不能下渗

过度利用地下水。如果从地下抽出的水量超过降水注入的量，就会引起地下水位下降，甚至会干涸。目前，许多地方尤其是城市地区，地下水位明显下降。这种情况发展严重时可能引起地面下沉。任何进入土壤中的有害物质，都可能造成地下水的污染，例如，矿区土地污染，农药化肥残留在土壤中等都可能污染地下水源。

水的再分布。为用水的方便，人们常从水多的地方，通过修筑水库，建坝筑堤，把水引到缺水的地

▲过度利用地下水造成西安大雁塔向西北方向倾斜

区。但是这样也会产生一些不良的影响，如河口生物群落改变，营养物来源减少和影响渔业收入等。

水利工程的利与弊

水利工程通过对水资源的调控实现防洪、供水、灌溉、发电等多种功能。随着我国国民经济的持续高速发展，水利工程在我国经济社会可持续

自然传奇丛书

▲三峡水利工程

▲三峡移民

发展中占有越来越重要的份额。目前全国以水库、堤防为主体的防洪工程担负着保护 62 万平方公里的国土面积、5 亿人口、6.4 亿亩耕地、469 座城市和大量铁路、交通、油田等基础设施的重要任务，防洪保护区内的 GDP 占全国总量的 62%。我国水库新增的灌溉面积近 6 亿亩，年供水量达到 1736 亿立方米，水电装机容量达 8000 万千瓦。

例如，三峡工程带来的效益主要有：

1. 防洪。水库防洪库容 221.5 亿立方米，能有效控制上游进入中下游平原的洪水，百年一遇的洪水，可在不动用荆江分洪区的情况下控制荆江河段的流量在安全范围以内，是解除长江中游洪水威胁，防止荆江河段发生毁灭性灾害最有效的措施。

2. 发电。电站装机容量 1768 万千瓦，平均年发电量 840 亿千瓦小时，相当于 1991 年全国发电量的八分之一，是葛洲坝工程发电量的六倍，可供电华中、华东以及川东地区。每年约可替代煤炭 5000 万吨，可减轻上述地区的煤炭运输压力，并可减轻因火电燃煤引起的环境污染。

3. 航运。三峡工程建成后，水库回水形成 660 公里长的深水航道，可改善重庆以下的航道条件。由于险滩淹没，航深增加，坡降变缓，流速减小，船舶的运输效率将明显提高，运输成本可较目前降低 35%～37%，将大力加速长江航运事业的发展。

但任何事物都具有两面性，水利工程也会给环境造成巨大的影响。主要表现为大坝阻隔、水库淹没、移民安置、泥沙淤积、河道断流、湖泊萎缩、水质恶化、下游绿洲消失、土地退化、水生生物种群变化等问题。

1. 泥沙淤积和下游河湖萎缩。

兴建水库工程，特别是在北方缺水地区，因阻断江河，改变了流域水循环的自然状况和水沙平衡条件。如20世纪60年代建成的三门峡水库，因规划设计等方面的缺陷，对建库运行之后有可能造成的生态环境影响认识不足，水库库容在5年内淤积了50%，水库回水危及陕西关中平原的防洪安全，被迫进行改建，有关争论一直延续至今。

▲中华鲟

2. 移民对生态环境的影响。

水利工程兴建淹没村庄、大片

▲白鳍豚

良田和一些基础设施，使库区粮食产量急剧减少，人地矛盾突出，环境恶化，使本来很脆弱的自然生态问题更为恶化。目前全国水库移民累计已达1500万人，其中三峡工程近100万人。库区大量城镇迁建，社会经济系统将发生巨大改变。

3. 对环境敏感点的影响。

水库的大坝隔断了天然河道中的河道通航、木材放流、鱼类洄游等自然平衡状态，打破了原有水系内的生物生活的环境，使食物链遭到破坏，可能导致濒危珍稀动物（比如中华鲟和白鳍豚）、植物灭绝。为了解决上述问题，需要修建过船、过木、过鱼的建筑物，而这些建筑物的修建，不但耗资较

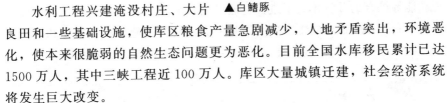

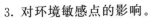

自然传奇丛书

大、技术要求较高，而且还会对大坝的安全带来一定的不利影响。

4. 水文情势改变对生态环境的影响。

水库建成后，对局部地区的小气候，如降雨、气温等带来一定的变化；对动植物的生长也会产生一定的影响，会造成水库周围的生态环境出现一系列的变化，对水库内水体的水质、水温变化及水生藻类的生长，产生一定的影响，特别值得注意的是水库的水体富营养化问题，由于水库中的水体水流缓慢，工业企业生产污水及城市生活污水及雨后径流含有大量的含氮、磷有机物，将导致水生生物大量繁殖和水体中的溶解氧急剧降低，使水体中处于严重缺氧状态，造成鱼类大量死亡，出现腐臭的恶劣气味，致使水库水质严重恶化。

5. 水库建成后对下游的影响也是巨大的。

流域的中下游河道附近往往是工农业集中、经济相对发达地区，生产、生活废水排放较多，因而在水库下游形成的污染源由于得不到稀释、溶解，容易产生严重的环境污染。由于水库的坝高及泄洪建筑物是按照一定的设计洪水来进行规划设计的，设计标准如果偏高，经济上不划算，设计标准如果偏低，当出现超标准洪水时，一旦失事，将对下游地区造成严重的洪涝灾害。

6. 水库安全问题。

水库建成后的管理运行中，由于长时间的高水位，大蓄水量，会使库区地壳结构的地应力发生变化，为诱发地震创造条件。

水资源的开发利用应当在充分考虑水资源的生态功能、环境功能和景观功能等综合的开发模式下进行，通过进行科学的环境影响评估，可以尽早对水利工程所造成的生态环境影响采取必要的措施，尽量减少和避免不利影响的产生，实现开发与保护的平衡，实现水资源的永久利用。

 点击

在 1998 年防洪中，全国 1335 座大中型水库共拦蓄洪水 522 亿立方米，配合堤防等防洪工程，保障了 200 多座城市、2700 多万人口、3400 多万亩耕地的防洪安全。

地球的呼吸过程——气体型循环

　　我们人类的生存需要空气，离开空气就会窒息而死。空气会通过肺、血液等器官在我们体内循环。对于地球来说，也是如此。大气是地球的重要组成部分，离开大气的保护，地球将会变得遍体鳞伤、满目疮痍。地球上的气体时刻都在运动，就像呼吸一样，时刻进行着循环过程。下面就让我们一起来了解一下，我们地球母亲的呼吸——气体型循环过程。

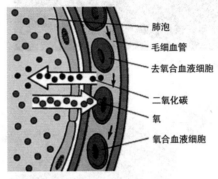

肺泡
毛细血管
去氧合血液细胞
二氧化碳
氧
氧合血液细胞

▲肺的呼吸过程

自然传奇丛书

碳循环及其过程

　　碳是一切生物体中最基本的成分，有机体干重的 45％ 以上是碳。

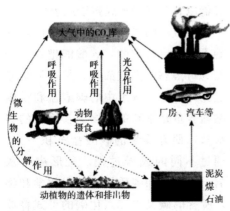

大气中的CO_2库
呼吸作用
呼吸作用
光合作用
微生物的分解作用
动物摄食
厂房、汽车等
泥炭煤石油
动植物的遗体和排出物

▲碳循环的过程

　　地球上最大的两个碳库是岩石圈和化石燃料，含碳量约占地球上碳总量的 99.9％，这两个库中的碳活动缓慢，实际上起着贮存库的作用。生物可直接利用的碳是水圈和大气圈中以二氧化碳形式存在的碳，二氧化碳或存在于大气中或溶解于水中，所有生命的碳源均是二氧化碳。碳的主要循环形式是从大气的二氧化碳开始的。

▲化石燃料煤

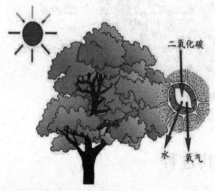

二氧化碳

水　氧气

▲绿色植物的光合作用

▲岩石的风化

绿色植物通过光合作用，将大气中的二氧化碳固定在有机物中，包括合成多糖、脂肪和蛋白质，贮存在植物体内。食草动物吃了绿色植物后经消化合成，通过一个一个营养级，再消化再合成。在这些过程中，部分碳又通过呼吸作用回到大气中，另一部分成为动物体的组成部分。动物排泄物、动植物残体中的碳则由微生物分解为二氧化碳，再回到大气中。

除了大气，碳的另一个储存库是海洋，它的含碳量是大气的 50 倍，更重要的是海洋对于调节大气中的含碳量起着重要作用。在水体中，同样由水生植物将水中的二氧化碳固定转化为糖类，经食物链消化合成，再消化再合成，各种水生动植物的呼吸作用又把二氧化碳释放到大气中。动、植物残体埋入水底，其中的碳都暂时离开循环，但是经过地质年代，它们又能以石灰岩的形式露于地表。

大气中的二氧化碳溶解在雨水和地下水中成为碳酸，碳酸能把石灰岩变为可溶态的重碳酸盐，并被河流输送到海洋中。海水中的碳酸盐和重碳酸盐含量是饱和的，接纳新输入的碳酸盐，便有等量的碳酸盐沉积下来。通过不同的成岩过程，又形成石灰岩、白云石和碳质页岩。在化学和物理作用（风化）下，这些岩石被破坏，所含的碳又以二氧化碳的形式释放入大气中。火山爆发也可使一部分有机碳和碳酸盐中的碳再次加入碳的循环。碳质岩石的破坏，在短时期内对循环的影响虽不大，但对几百万年中碳量的平衡却是重要的。

自然生态系统中，植物通过光合作用从大气中摄取碳的速率，与通过呼吸和分解作用把碳释放到大气中的速率大体相同。由于光合作用和呼吸作用受到很多因素的影响，所以大气中二氧化碳的含量有着明显的日变化和季节变化。例如，夜间由于生物的呼吸作用，可使地面附近二氧化碳的含量上升，而白天由于植物在光合作用中吸收了大量的二氧化碳，可使大气中二氧化碳含量降到平均水平以下。夏季植物的光合作用强烈，因此大气中二氧化碳含量较低，冬季正好相反。

小 知 识

碳循环研究的重要意义在于：（1）碳是构成生物有机体的最重要的元素，因此，生态系统碳循环研究成了系统能量流动的核心问题；（2）人类通过化石燃料的大规模使用等活动，造成对碳循环的重大影响，可能是当代气候变化的重要原因。

碳循环的特点

碳循环在生态系统中基本上是伴随着光合作用和能量流动的过程而进行的，其主要特点有：

1. 绿色植物通过光合作用将大气中的二氧化碳和水转化成有机物，构成全球的基础生产。

2. 含碳分子中，二氧化碳、甲烷和一氧化碳是最重要的温室气体，而二氧化碳是生物地球化学循环最重要的核心之一。

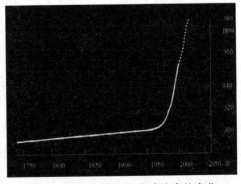

▲近300年来大气中二氧化碳浓度的变化

3. 各类生态系统固定二氧化碳的速率差别很大。北极冻原和干旱的沙漠区的固定速率仅相当于热带雨林区的1%。

一般情况下，大气中的二氧化碳的浓度基本上是恒定的，但是第二次工业革命以来，大量化石燃料的燃烧，改变了原有的碳素平衡状态。每年因燃烧化石燃料释放到大气中的碳约为50亿～60亿吨，因农业土壤耕作返回到大气中的碳约为20亿吨，同时由于森林的大面积砍伐，减少了对二氧化碳的固定，尽管海洋能够吸收近三分之二的额外碳素，仍然避免不了大气中二氧化碳浓度的升高。

万花筒

大气中二氧化碳浓度的变化

自从工业革命以来，由于人类活动的影响，大气中二氧化碳的浓度不断增加。1860～1960年，大气中二氧化碳的浓度由290μL/L升高到314μL/L，1960～1980年，大气中二氧化碳的浓度每年增加1μL/L。

氮 循 环

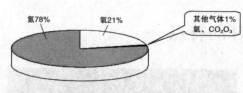

▲大气的组成成分

氮是蛋白质和核酸的基本成分，是一切生命结构的原料。在生态系统的非生物环境中，有3个含氮的库：大气、土壤和水。大气是最大的氮库，土壤和水的氮库比较小。

虽然大气的组成成分中78%为氮元素，然而氮是一种惰性气体，植物不能够直接利用。只有通过固氮作用将游离的氮与氧结合成硝酸盐或亚硝酸盐，或是与氢结合成氨，才能被大部分生物所利用，参与蛋白质的合成。

氮循环的过程

固氮作用

固氮的途径主要有生物固氮、工业固氮和高能固氮三种。

生物固氮。这是最重要的固氮途径，属于天然固氮方式。生物固氮量每年大约占全球固氮量的90％，能够进行固氮作用的生物主要是固氮菌及与豆科植物共生的根瘤菌和蓝藻等自养或异养微生物。

高能固氮。通过闪电、宇宙射线、陨石、火山爆发等所释放的能量进行固氮，形成的氨或硝酸盐随着降雨到达地球表面，也属于天然固氮方式。

▲固氮菌

工业固氮。随着工农业的发展，工业固氮能力越来越大。工业固氮已对生态系统中的氮的循环产生了重要影响。

已知能固氮的细菌和藻类很多，但主要可以分为两个类群。一类是共生的固氮微生物，另一类是自由生活的固氮微生物，但是共生固氮微生物在数量上至少要比自由生活的固氮微生物多好几百倍。共生的固氮微生物主要生活在陆地，自由生活的固氮微生物在陆地和水域都有。在固氮微生物中，根瘤菌是最重要的，也是人类了解最清楚的。根瘤菌对宿主植物有高度的特异性，一定种类的根瘤菌只同一定种类的豆科植物发生共生关

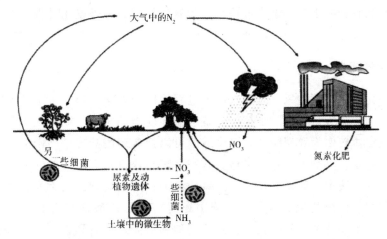

▲氮循环的过程

自然传奇丛书

系。由于豆科植物与根瘤菌之间已形成了密切的共生关系，所以豆科植物离开了根瘤菌就不能固氮，而把根瘤菌接种在其他植物上也不能固氮。

点 击

固氮作用的意义在于：（1）在全球尺度上平衡反硝化作用；（2）在像熔岩流过和冰河退出后的缺氮环境里，最初的入侵者就属于固氮生物；（3）大气中的氮只有通过固氮作用才能进入生物循环。

氨化作用

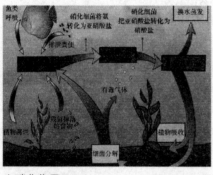

▲硝化作用

氨化作用也称矿化作用，当无机氮经由蛋白质和核酸合成过程而形成有机化合物以后，这些含氮的有机化合物，通过生物的新陈代谢，又会使氮以代谢的形式重返氮的循环圈。土壤和水中的很多异养细菌，放线菌和真菌都能利用这种富含氮的有机化合物。这些简单的含氮有机化合物受上述生物的代谢活动中可转变为无机化合物并把它释放出来，这个过程就称为氨化作用。另外氨化过程是一个释放能量的过程，或者说是一种放热反应。

硝化作用

硝化作用是氨的氧化过程，这个过程可以分两步，第一步是把氨或铵盐转变为亚硝酸盐，第二步是把亚硝酸盐转变为硝酸盐。亚硝化细菌可以把氨或铵盐转变为亚硝酸盐，硝化细菌可以把亚硝酸盐转变为硝酸盐，这些细菌都是自养细菌，它们能够在这一过程中获得它们所需的能量。通气良好的土壤中，氨化合物被亚硝酸盐细菌和硝酸盐细菌氧化为亚硝酸盐和硝酸盐，供植物吸收利用。土壤中还有一部分硝酸盐变为腐殖质的成分，被雨水冲洗掉，然后经径流到达湖泊和河流，最后到达海洋，为水生生物所利用。海洋中还有相当数量的氨沉积于海洋而暂时离开循环。

自然传奇丛书

反硝化作用

反硝化作用也称脱氮作用，反硝化细菌将亚硝酸盐转变为大气氮，回到大气库中。由于反硝化作用是在无氧或缺氧条件下进行的，所以这一过程通常是在透气性较差的土壤中进行的。因此，在自然生态系统中，一方面通过各种固氮作用使氮素进入物质循环，另一方面通过反硝化作用，淋溶沉积等作用使氮素不断重返大气，从而使氮的循环处于一种平衡状态。

延伸阅读——《京都议定书》

为了使人类免受气候变暖的威胁，1997 年 12 月，《联合国气候变化框架公约》第三次缔约方大会在日本京都举行。149 个国家和地区的代表通过了旨在限制发达国家温室气体排放量以抑制全球变暖的《京都议定书》。其目标是"将大气中的温室气体含量稳定在一个适当的水平，进而防止剧烈的气候改变对人类造成伤害"。

《京都议定书》需要占 1990 年全球温室气体排放量55％以上

▲日本京都

的至少 55 个国家和地区批准之后，才能成为具有法律约束力的国际公约。中国于 1998 年 5 月签署并于 2008 年 8 月核准了该议定书。欧盟及其成员国于 2002 年 5 月 31 日正式批准了《京都议定书》。《京都议定书》于 2005 年 2 月生效。

《京都议定书》已对 2008 年到 2012 年第一承诺期发达国家的减排目标做出了具体规定，即整体而言发达国家温室气体排放量要在 1990 年的基础上平均减少 5.2％。不过，不同国家有所不同，比如，欧盟作为一个整体要将温室气体排放量削减 8％，日本和加拿大各削减 6％，而美国削减 7％。

议定书建立了旨在减排温室气体的三个灵活合作机制——国际排放贸易机制、联合履行机制和清洁发展机制。清洁发展机制是发达国家与发展中国家之间

自然传奇丛书

1997年12月

在《联合国气候变化框架公约》第3次缔约方大会上，149个国家和地区的代表通过了《京都议定书》

主要工业发达国家的温室气体排放量

《京都议定书》中规定	截至2004年：
从2008到2012年期间，要在1990年的基础上平均减少5.2%	在1990年的基础上平均减少了3.3%
欧盟将6种温室气体的排放在1990年的基础上削减8%，美国削减7%，日本削减6%	美国的排放量比1990年上升了15.8%。2001年，宣布退出了《京都议定书》

《京都议定书》建立的旨在减排温室气体的三个灵活合作机制

国际排放贸易机制	主要涉及发达国家间的合作
联合履行机制	
清洁发展机制	允许工业化国家的投资者从其在发展中国家实施的、并有利于发展中国家可持续发展的减排项目中获取"经证明的减少排放"（与中国有直接联系）

▲《京都议定书》

的一种国际履约机制。通过这一机制的实施，发达国家缔约方通过提供资金和技术的方式与发展中国家进行合作，实施具有温室气体减排效果的项目，用比较低廉的成本获得温室气体减排量，以抵消其部分减排义务。同时，发展中国家通过这种合作可获得资金和技术，是一种国际合作的"双赢"机制。

议定书允许采取以下四种减排方式：

1. 两个发达国家之间可以进行排放额度买卖的"排放权交易"，即难以完成削减任务的国家，可以花钱从超额完成任务的国家买进超出的额度。

2. 以"净排放量"计算温室气体排放量，即从本国实际排放量中扣除森林所吸收的二氧化碳的数量。

3. 可以采用绿色开发机制，促使发达国家和发展中国家共同减排温室气体。

4. 可以采用"集团方式"，即欧盟内部的许多国家可视为一个整体，采取有的国家削减、有的国家增加的方法，在总体上完成减排任务。

地球的新陈代谢——沉积型循环

新陈代谢是生物的基本特征，新陈代谢使生物体内的物质得到了更新，促使新物质的到来和旧物质的离开。地球上的矿质元素如同生物体一样，时刻进行着自己的新陈代谢——沉积型循环。在循环的过程中，使地球上的物质得到了利用和更新，使地球显得更加生机勃勃。下面就让我们了解一下地球的新陈代谢。

▲出汗也是新陈代谢的过程

矿质元素通过岩石风化等作用释放出来参与循环，又通过沉积等作用进入地壳而暂时离开循环，所以沉积型循环往往是不完全的循环，以沉积型方式循环的物质有磷、硫、钾等元素。

磷　循　环

磷是生物不可缺少的重要元素，生物的代谢过程都需要磷的参与，磷是核酸、细胞膜和骨骼的主要成分，高能磷酸键在二磷酸腺苷（ADP）和三磷酸腺苷（ATP）之间可逆的转换，是细胞内一切生化作用的能量来源。

磷不存在任何气体形式的化合物，所以，磷循环是典型的沉积型循环。沉积型循环物质主要有两种存在相：岩石相和溶解盐相。循环的起点源于岩石的风化，终于水中的沉积。磷以不活跃的地壳作为主要的储存库。岩石经土壤风化释放的磷酸盐和农田中施用的磷肥，被植物吸收

自然传奇丛书

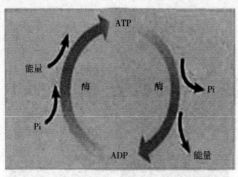

▲ADP与ATP之间可以转换

进入体内。含磷有机物沿两条循环支路循环：一是沿食物链传递，并以粪便、残体归还土壤；二是以枯枝落叶、秸秆归还土壤。各种含磷有机化合物经土壤微生物分解，转变为可溶性磷酸盐，可再次供给植物吸收利用，这是磷的生物小循环。在这一循环中，一部分磷脱离生物小循环进入地质大循环，其支路也有两条：一是动物遗体在陆地表面的磷矿化；二是磷受水的冲蚀进入江河，流入海洋。

全球磷循环的最主要途径是磷元素从陆地经河流到达海洋。磷元素从海洋再返回陆地是十分困难的，海洋水体上层往往缺乏磷，而深层为磷所饱和，磷大部分以磷酸盐形式沉积于海底，长期离开循环圈，因此，磷循环属于不完全循环，需要不断补充磷元素进入循环圈。

进入深海的磷主要通过三条途径重返陆地：（1）水的上涌流携带到上

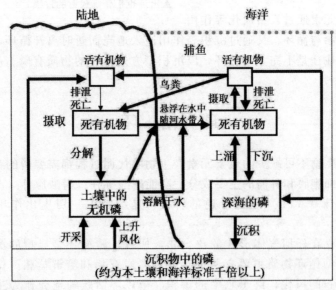

▲磷循环

层水体中，又被冲到陆地上来；（2）海平面的变迁，过去曾经海水被淹没的地区，由于地质的变迁成为陆地，这样，通过磷酸盐风化重又进入循环；（3）捕捉海鸟和捕捞鱼虾可能使一部分磷重返陆地。

磷循环的特点

1. 磷的主要储存库是沉积岩，磷的循环主要以固态进行，因而速度缓慢；

2. 与其他主要元素循环的一个显著不同是几乎没有气体成分参与循环；

3. 由于磷元素的匮乏和农业生产的需要，磷的循环愈加受人类的关注，从长远来看，磷元素有可能成为农业生产的限制元素。

据统计，全世界磷蕴藏量只能维持 100 年左右。在自然经济的农村中，一方面从土地上收获农作物，另一方面把废物和排泄物送回土壤，维持着磷的平衡。但商品经济发展后，不断地把农作物和农牧产品运入城市，城市垃圾和人畜排泄物往往不能返回农田，而是排入河道，输往海洋。这样农田中的磷含量便逐渐减少。为补偿磷的损失，必须向农田施加磷肥。另外在大量使用含磷洗涤剂后，城市生活污水含有较多的磷，某些工业废水

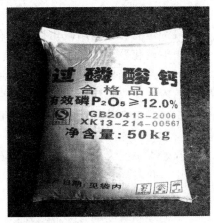

▲磷肥

▲赤潮

也含有丰富的磷，这些废水排入河流、湖泊或海湾，使水中含磷量增高。这使水体富营养化，出现赤潮和水华的主要原因。

自然传奇丛书

硫 循 环

硫是蛋白质和氨基酸的重要组成部分，对大多数生命来说至关重要。硫的重要蓄库是岩石圈，但它在大气圈中能自由移动，因此，硫循环有一个长期的沉降阶段和一个较短的气体阶段。

岩石库中的硫酸盐主要通过生物的分解和自然风化进入生态系统。化能合成细菌能够在利用硫化物中含有的潜能的同时，通过氧化作用，将沉积物中的硫化物转变成硫酸盐；这些硫酸盐，一部分可以被植物直接利用，另一部分仍成硫酸盐和化石燃料中的无机硫，再次进入岩石蓄库中。从岩石库中释放硫酸盐的另一个重要途径是侵蚀和风化，从岩石中释放出的无机硫，由细菌作用还原为硫化物，土壤中的这些硫化物，又被氧化成植物可利用的硫酸盐。

自然界中的火山爆发，可将岩石蓄库中的硫，以硫化氢的形式释放到大气中，化石燃料的燃烧，也将蓄库中的硫以二氧化硫的形式释放到大气中。

硫循环和磷循环有类似之处，但硫循环要经过气体型阶段。

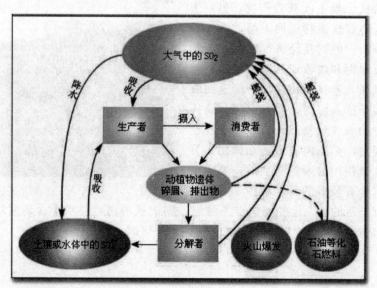

▲硫循环

自然传奇丛书

硫的主要蓄库是岩石圈，但大气中也有少量存在。虽然生物对硫的需要并不像对碳、氮和磷那么多，而且硫不会成为有机体生长的限制因子。但在硫循环的过程中涉及许多微生物的活动，生物体需要硫合成蛋白质和维生素，植物所需要的大部分硫来自土壤中的硫酸盐，同时可以从大气中的二氧化硫获得。植物中的硫通过食物链被动物所利用，或动植物死亡后，微生物对蛋

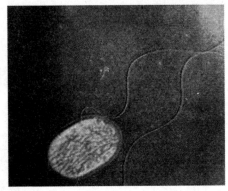

▲绿硫细菌

白质的分解将硫释放到土壤中，然后再被微生物利用，以硫化物或硫酸盐形式而释放硫。无色硫细菌既能将硫化氢还原为元素硫，又能氧化为硫酸，绿硫细菌在有阳光时，能利用硫化氢作为氧接收者，生活于沼泽和河口的紫细菌能使硫化氢氧化形成硫酸盐，进入再循环，或者被生产者吸收，或为硫酸还原细菌所利用。

硫循环的特点

　　1. 硫的主要储存库是岩石，以硫化亚铁的形式存在，海洋也是巨大的硫库；

　　2. 硫循环既属于沉积型，也属于气体型，沉积阶段的沉积物只有通过风化和分解才能被释放出来，气体阶段可以在全球范围内流动；

　　3. 硫的生物地球化学循环的研究甚为重要，因为酸雨沉降、温室效应乃至臭氧层耗损均与硫污染有关。

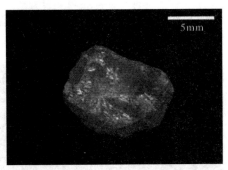

5mm

▲硫结晶

自然传奇丛书

碳循环的非正常进行——全球变暖

全球变暖已不是一个新的名词，越来越多的人开始关注它。由它所引起的一系列问题，比如海平面上升、全球气候的异常、疟疾等疾病的流行等等，已经引起我们的关注。全球变暖是一个严重的问题，它关系到我们人类，乃至整个地球上所有生物的生存。为了我们美好的明天，我

▲冰川融化

们必须采取措施来应对全球变暖，以及它带来的各种问题，这需要全世界所有国家的努力，需要每个人的参与。因此每一个人都要了解全球变暖，了解它的成因，进而消灭它。

几百年来，由于人类活动对碳循环的影响，一方面森林被大面积砍伐，大量农田建成城市和工厂，破坏了植被，另一方面，社会过多的燃烧煤炭、石油和天然气等化石燃料使得大气中二氧化碳的含量呈上升趋势。二氧化碳是一种温室气体，具有吸热和隔热的功能，二氧化碳在大气中增多的结果就像是形成一种无形的玻璃罩，使太阳辐射到地球上的热量无法向外层空间发散，其结果是地球表面变热起来，进而引起全球气候变暖、冰川融化、海平面上升等一系列严

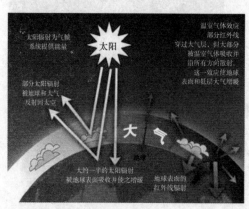

▲温室效应示意图

重问题。人类活动还向大自然排放其他温室气体，它们是：氯氟烃、甲烷、低空臭氧和氮氧化物气体。

全球变暖的原因

人口剧增

人口的剧增是导致全球变暖的主要因素之一。这样多的人口，每年仅自身排放的二氧化碳就将是一惊人的数字，其结果就将直接导致大气中二氧化碳的含量不断地增加，这样形成的二氧化碳"温室效应"将直接影响着地球表面气候变化。

森林资源锐减

在世界范围内，由于受自然或人

▲人口问题

为的因素造成森林面积正在大幅度的锐减，特别是热带雨林大面积的消失，减少了将二氧化碳转化为有机物的总量。

大气环境污染

目前，环境污染的日趋严重已构成全球性的重大问题，同时也是导致全球变暖的主要因素之一。

海洋生态环境恶化

海洋生态环境的恶化，使得浮游植物大量死亡。人类活动所产生的大量有毒废物和废水不断地排入海洋，发生在海水中的重大漏油事件，以及由人类活动而引发的沿海地区生态环境的破坏等都是导致海水生态环境遭

▲墨西哥湾漏油事件中一只褐鹈鹕困于浮油中

自然传奇丛书

破坏的主要因素。

土地遭侵蚀、盐碱化、沙化等破坏

土地遭侵蚀、盐碱化、沙化等破坏使土壤肥力和保水性下降，从而降低土壤的生物生产力及其保持生产力的能力。造成土壤侵蚀和沙漠化的主要原因是不适当的农业生产以及对森林的乱砍滥伐。

全球变暖的直接影响

气候转变，全球变暖

利用复杂的气候模型，政府间气候变化专门委员会在第三份评估报告中估计今后大气中二氧化碳每增加1倍，全球平均增温1.0℃～3.5℃，但是这样的增温是不均匀地分布在世界各地，赤道和热带地区不升温或几乎不升温，升温主要集中在高纬度地区，数量可达6℃～8℃，甚至更大。

地球上的病虫害增加

▲科学杂志

全球变暖可使史前致命病毒威胁人类。美国科学家近日发出警告，由于全球气温上升令北极冰层融化，被冰封十几万年的史前致命病毒可能会重见天日，导致全球陷入疫症恐慌，人类生命受到严重威胁。纽约锡拉丘兹大学的科学家在最新一期《科学杂志》中指出，早前他们发现一种植物病毒TOMV，由于该病毒在大气中广泛扩散，推断在北极冰层也有其踪迹。于是研究员从格陵兰抽取4块年龄由500年至14万年的冰块，结果在冰层中发现TOMV病毒。

冰川融化，海平面上升

海平面上升主要是有两种原因，第一种是海水受热膨胀令水平面上升，第二种是两极和格陵兰的冰盖溶解使海洋水分增加。预期由 1900 年至 2100 年地球的平均海平面上升幅度介于 0.09 米至 0.88 米之间。

▲海平面上升

海平面上升对人类社会的影响是十分严重的。世界银行的一份报告显示，即使海平面只小幅上升 1 米，也足以导致 5600 万发展中国家人民沦为难民。一些岛屿国家和沿海城市将淹于水中，其中包括几个著名的国际大城市：纽约、上海、东京和悉尼。而全球第一个被海水淹没的有人居住岛屿即将产生——位于南太平洋国家巴布亚新几内亚的岛屿卡特瑞岛，目前岛上主要道路水深及腰。

新的冰川期来临

全球暖化还有个非常严重的后果，就是导致冰川期来临。南极冰盖的融化导致大量淡水注入海洋，海水浓度降低。"大洋输送带"因此而逐渐停止，大洋暖流不能到达寒冷海域，大洋寒流不能到达温暖海域。全球温度降低，另一个冰河时代来临，北半球大部被冰封，暴风雪和龙卷风将横扫大陆。《后天》就是一部描述这种现象的电影。

气候反常，海洋风暴增多

全球变暖还将造成全球大气环流调整和气候带向极地扩展。包括我国北方在内的中纬度地区降水将减少，加上升温使蒸发加大，因此气候将趋干旱化。大气环流的调整，除了中纬度干旱化之外，还可能造成世界其他地区气候异常和灾害。例如，低纬度台风强度将增强，台风源地将向北扩展等。

自然传奇丛书

点击

《后天》简介

《后天》描绘的是地球在一天之内突然急剧降温，进入冰川期的科幻故事。故事中，气候学家在观察史前气候研究后指出，温室效应带来的全球变暖是引发这场灾难的原因。

全球变暖的潜在影响

对经济的影响

全球有超过一半人口居住在沿海 100 千米范围以内，其中大部分住在海港附近的城市区域。所以，海平面的显著上升对沿岸低洼地区及海岛会造成严重的经济损害。

对农业的影响

实验证明在二氧化碳高浓度的环境下，植物会生长得更快速和高大。但是，全球变暖的结果会影响大气环流，继而改变全球的雨量分布以及各大洲表面土壤的含水量。由于未能清楚了解全球变暖对各地区性气候的影响，以至对植物生态所产生的转变亦未能确定。

▲干旱

▲强暴雨带来的危害

对海洋的影响

沿岸沼泽地区消失肯定会令鱼类，尤其是贝壳类的数量减少。河口水质变咸会减少淡水鱼的品种数目，相反该地区海洋鱼类的品种也可能相对增多。至于整体海洋生态所受的影响仍未能清楚知道。

对水循环的影响

全球降雨量可能会增加。但是，地区性降雨量的改变仍未知。某些地区可能增加雨量，但有些地区的雨量可能会减少。此外，温度的提高会增加水分的蒸发，这给地面上水源的利用带来压力。

 点击——亚马逊雨林

位于南美洲、全世界面积最大的热带雨林——亚马逊雨林正渐渐消失，让全球暖化危机雪上加霜。号称地球之肺的亚马逊雨林涵盖了地球表面5％的面积，制造了全世界20％的氧气及30％的生物物种。由于遭到盗伐和滥垦，亚马逊雨林正以每年7700平方英里的面积消退，相当于一个新泽西州的大小。雨林的消退除了会让全球暖化加剧之外，更让许多只能够生存在雨林内的生物，面临灭种的危机。在过去的几十年，雨林已经消失了两成。

应对全球变暖的措施

迄今为止，我们无法提出有效的解决对策，但是退而求其次，至少应该想尽办法努力抑制排放量的增长，不可听天由命任凭发展。

1. 人口措施

必须采取必要的手段，在全球范围内制定严格的计划生育政策，减少人口数量。

2. 能源措施

（1）鼓励使用天然瓦斯作为当前的主要能源。任何化石燃料一经燃烧，就会排放出二氧化碳来，但是其排放量会因化石燃料的种类不同而有所差异。由于天然瓦斯的主要成分为甲烷，故其二氧化碳排放量要比煤炭、石油

自然传奇丛书

的低。（2）对化石燃料的生产与消费按比例收税。这可以使化石燃料的生产者与消费者提高警惕，减少对化石燃料的利用，从而减少二氧化碳的排放，且税金的收入，还可用于森林保护和新能源开发等方面。（3）改善能源结构，增加可再生能源和洁净能源的使用，如开发太阳能、水能、地热能、核能的使用和能量的循环利用技术。

▲计划生育宣传画

3. 生态措施

将二氧化碳从大气圈转移到生物圈、岩石圈和水圈中，是除去二氧化碳的重要途径。据计算，要抵消目前化石燃料燃烧排放到大气中的二氧化碳，世界必须拥有 700 万平方千米的永久森林。因此世界各国应加大力度，在可利用的土地上植树造林，采取措施恢复已被破坏或正在遭受破坏的原始森林。

▲风能的利用

 动动手——制作低碳生活的倡议书

▲保护地球，就是保护我们自己

低碳生活就是指生活作息时所耗用的能量要尽力减少，从而降低碳，特别是二氧化碳的排放量，减少对大气的污染，减缓生态恶化。地球只有一个，它的生命只有一次，为了我们以及子孙后代更好地生存，我们必须行动起来，一起努力减少二氧化碳等温室气体的排放。我们应该积极提倡并去实践低碳生活，因此，请大家制作一份提倡低碳生活的倡议书，让我们一起努力，使地球得到可持续的发展。

空中无形的杀手——酸雨

　　酸雨通常被人们比喻为"空中无形的杀手"，这主要是因为它对生态系统强大的破坏力。它可以直接使大片森林死亡，农作物枯萎，对人类等生物的健康也有直接和潜在的影响，并且它还能加速建筑物和文物的腐蚀和风化过程。那么，什么是酸雨？酸雨是怎么形成的？酸雨都有什么危害？我们该怎么应对酸雨？下面就让我们一起来了解一下酸雨，并与这个"空中的杀手"过过招。

▲酸雨过后的森林

酸　雨

　　通常情况下，纯净的雨雪降落时，空气中的二氧化碳融入其中，形成碳酸，表现为弱酸性，此时雨水的 pH 为 5.65。但当大气中存在的酸性气体污染时，雨水的 pH 将小于 5.65，因此，通常将 pH 小于 5.65 的雨雪或其他方式形成的大气降水，如雾、露、霜等，通称为酸雨。

　　酸雨的形成是一个复杂的大气化学和大气物理过程。酸雨是大气污染的产物之一，构成酸雨的污染物主要是二氧化硫和氮氧化物。大气中的二

▲大气污染

自然传奇丛书

氧化硫和氮氧化物一半以上是由于人类生产活动造成的。二氧化硫和氮氧化物进入大气后，水汽会凝结在硫酸根和硝酸根等凝结核上，形成硫酸雨滴和硝酸雨点，酸雨雨滴在下降的过程中又不断地合并、吸附、冲刷其他含酸雨滴和含酸气体，形成较大雨滴，最后降落在地面上，形成酸雨。

我国的酸雨主要是因大量燃烧含硫量高的煤而形成的，多为硫酸雨，少硝酸雨。此外，各种机动车排放的尾气也是形成酸雨的重要原因。近年来，我国一些地区已经成为酸雨多发区，酸雨污染的范围和程度已经引起人们的密切关注。

点击

"酸雨"一词的由来

1872年英国科学家史密斯分析了伦敦市雨水成分，发现它呈酸性，于是史密斯首先在他的著作《空气和降雨：化学气候学的开端》中提出"酸雨"这一专有名词。

二氧化硫和氮氧化物的来源

天然排放源

▲火山爆发

土壤中某些机体，如动物死尸和植物败叶在细菌作用下可分解为某些硫化物，继而转化为二氧化硫；火山爆发，也将喷出大量的二氧化硫气体；雷电和干热引起的森林火灾也是一种天然排放源。

闪电有很强的能量，能使空气中的氮气和氧气部分化合，生成一氧化氮，继而在对流层中被氧化为二氧化氮；土壤硝酸盐分解，即使是未施过肥的土壤也含有微量的硝酸盐，在土壤细菌的帮助下可分解出大量的氮氧化物等气体。

人工排放源

煤、石油和天然气等化石燃料燃烧，会释放出大量的二氧化硫。金属冶炼过程中会逸出大量二氧化硫气体，虽然部分被回收为硫酸，但还有一部分进入了大气。化工生产过程，特别是硫酸生产和硝酸生产过程中，会向大气中释放出大量的二氧化硫和氮氧化物。另外石油炼制过程中，也能产生一定量的二氧化硫和氮氧化物。

交通运输过程中排放出大量汽车尾气。在汽车的发动机内，活塞频繁打出火花，就像天空中闪电一样，产生大量的氮氧化物，机械性能较差的或使用寿命已较长的发动机尾气中的氮氧化物浓度要高。近年来，我国各种汽车数量猛增，排放的尾气对酸雨的"贡献"正在逐年上升。

万花筒

我国能源结构是煤炭超过 2/3，油气加起来接近 1/4。这种能源结构并不理想，因为煤炭在开发、生产过程中，以及运输、消费过程中，对环境的负面影响比较大。

酸 雨 区

某地收集到酸雨样品，还不能算是酸雨区，因为一年可有数十场雨，某场雨可能是酸雨，某场雨可能不是酸雨，所以要看年均值。目前我国定义酸雨区的科学标准尚在讨论之中。

我国酸雨主要是硫酸型，我国三大酸雨区分别为：

1. 华中酸雨区：目前它已成为全国酸雨污染范围最大，中心强度最高的酸雨污染区。

2. 西南酸雨区：是仅次于华中酸雨区的降水污染严重区域。

3. 华东沿海酸雨区：它的污染强度低于华中、西南酸雨区。

自然传奇丛书

科技链接

酸雨的五级标准

年均降水 pH 高于 5.65，酸雨率是 0%～20%，为非酸雨区；pH 在 5.30～5.65 之间，酸雨率是 10～40%，为轻酸雨区；pH 在 5.00～5.30 之间，酸雨率是 30～60%，为中度酸雨区；pH 在 4.70～5.00 之间，酸雨率是 50～80%，为较重酸雨区；pH 小于 4.70，酸雨率是 70～100%，为重酸雨区。

酸雨的危害

研究表明，酸雨对土壤、水体、森林、建筑、名胜古迹等人文景观均带来严重危害，不仅会给社会造成重大经济损失，更危及人类生存和发展。

对水生生态系统的危害

▲水中鱼类的死亡

酸雨能杀死水中的浮游生物，减少鱼类食物来源，破坏水生生态系统。酸雨污染河流、湖泊和地下水，会直接或间接危害人体健康。如在瑞典的 9 万多个湖泊中，已有 2 万多个遭到酸雨威胁，4 千多个湖泊已经成为无鱼湖。美国和加拿大许多湖泊因为酸雨目前已经成为死水，鱼类、浮游生物，甚至水草和藻类在此均被酸雨一扫而光。

对森林的危害

根据国内对 105 种木本植物影响的模拟实验，当降水 pH 值小于 3.0 时，可对植物叶片造成直接的损害，使叶片失绿变黄并开始脱落。叶片与酸雨接触的时间越长，受到的损害越严重。据报道，欧洲每年有 6500 万公顷森林受害，在意大利有 9000 公顷森林因酸雨而死亡。我国重庆南山 1800 公顷松林因酸雨已死亡过半。

对人类健康的危害

国外最新研究表明，酸雨引起的环境污染还会损害人的大脑，从而引起早老性痴呆。挪威由于受到浓度很高的酸雨侵袭，在 1969～1983 年的 10 余年间内，有 5 万余人死于早老性痴呆。另外，雨雾的酸性对眼、咽喉和皮肤的刺激，会引起结膜炎、咽喉炎、皮炎等病症。

▲老年痴呆患者

对农作物的危害

酸雨可使土壤微生物种群变化，细菌个体生长变小，生长繁殖速度降低，如分解有机质及其蛋白质的主要微生物类群芽孢杆菌、极毛杆菌和有关真菌数量降低，影响营养元素的良性循环，造成农业减产。特别是酸雨可降低土壤中氨化细菌和固氮细菌的数量，使土壤微生物的氨化作用和硝化作用能力下降，对农作物大为不利。科学家估计我国南方七省大豆因酸雨受灾面积达 2380 万亩，减产达 20 万吨，减产幅度约 6％，每年经济损失 1400 万元。

对建筑物艺术品的腐蚀

酸雨对金属、石料、水泥、木材等建筑材料也均有很强的腐蚀作用，世界上许多古建筑和石雕艺术品遭酸雨腐蚀

▲乐山大佛被酸雨腐蚀

自然传奇丛书

而严重损坏。我国的乐山大佛、加拿大的议会大厦等名胜的腐蚀可为佐证。另外，最近发现，北京卢沟桥的石狮和附近的石碑、五塔寺的金刚宝塔等均因遭酸雨侵蚀而严重损坏。

酸雨的防治措施

▲美人蕉

1. 调整能源结构，增加无污染或少污染能源比例，发展太阳能、核能、水能、风能等不产生酸雨的能源。

2. 当务之急是要采取有效措施发展脱硫新技术，以控制二氧化硫的排放量。

3. 加强大气污染监测与研究，及时掌握大气中的硫氧化物和氮氧化物的排放与迁移状况，及时采取对策。

4. 在适宜地区种植可以吸收二氧化硫等有害气体的植物，如柳杉、月季花、美人蕉、丁香、洋槐等。

地球上生物链的能量流动

　　生物之间的捕食、竞争、寄生、共栖、共生是为了什么？绿色植物的光合作用是为了什么？答案只有一个，那就是食物，也就是能量。生态系统中生命系统与环境系统在相互作用的过程中，始终伴随着能量的流动和转化，一切生命活动都伴随着能量的转化，没有能量的转化，也就没有生命和生态系统。物质作为能量的载体，使能量得以流动，能量作为动力，使物质能够不断地在生物群落和无机环境之间循环往返。物质循环和能量流动是生物链的本质，也正是物质循环和能量流动紧密联系，保持了生物链的稳定，以及生态系统的稳定。

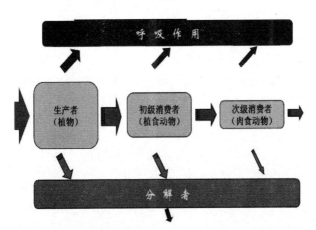

▲生态系统中能量流动的过程

植物和太阳的对话——光合作用

光合作用是指绿色植物通过叶绿体，利用光能，把二氧化碳和水转化成贮存能量的有机物，并释放出氧气的过程。对于人类来说，我们是消费者，每时每刻都需要氧气、有机物、绿色植物固定的能量。没有了光合作用，生态系统就没有能量可以利用，甚至生物链也不具有存在的意义。

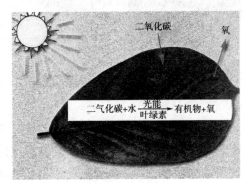

$$二气化碳+水 \xrightarrow[叶绿素]{光能} 有机物+氧$$

▲光合作用示意图

光合作用的发现过程

直到 18 世纪中期，人们一直以为植物体内的全部营养物质，都是从土壤中获得的，并不认为植物能够从空气中得到什么。1771 年，英国科学家普利斯特里发现将点燃的蜡烛与绿色植物一起放在一个密闭的玻璃罩内，蜡烛不容易熄灭，将小鼠与绿色植物一起放在玻璃罩内，小鼠也不容易窒息而死。因此他指出绿色植物可以更新空气。但他并不知道植物更新了空气中的哪一部分，也没有发现光在这个过程中所起的关键

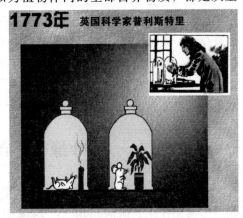

▲普利斯特里和他的实验

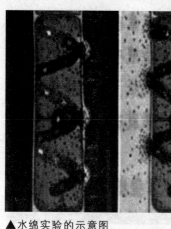
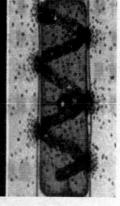

▲水绵实验的示意图

作用。

1864年，德国科学家萨克斯发现，把绿色叶片放在暗处几小时，目的是让叶片中的营养物质消耗掉，然后把这个叶片一半曝光，另一半遮光。过一段时间后，用碘蒸气处理叶片，结果遮光的那一半叶片没有颜色变化，曝光的那一半叶片则呈深蓝色，这一结果表明绿色叶片在光合作用中产生了淀粉。

1880年，美国科学家恩格尔曼用水绵进行光合作用的实验，把载有水绵和好氧细菌的临时装片放在没有空气的黑暗环境里，然后用极细的光束照射水绵，通过显微镜观察发现，好氧细菌向叶绿体被光束照射到的部位集中，如果临时装片完全暴露在光下，好氧细菌则分布在叶绿体所有受光部位的周围。恩格尔曼的实验证明，氧气是由叶绿体释放出来的，叶绿体是进行光合作用的场所。

20世纪30年代，美国科学家鲁宾和卡门采用同位素标记法来研究光合作用中释放的氧气是来自水还是来自二氧化碳。他们用氧的同位素分别标记水和二氧化碳，然后进行两组光合作用实验，一组向绿色植物提供标记了的水和正常的二氧化碳，另一组向绿色植物提供正常的水和标记了的二氧化碳。在相同条件下，对两组光合作用实验释放出的氧进行分析，结果表明第一组释放出的氧全部是标记了的具有放射性的氧气，第二组释放出的氧全部是没有标记的放射性的氧气。这个实验证明了，光合作用释放的氧气全部来自水。

叶绿体中的色素

绿色植物的光合作用是在叶绿体中进行的，叶绿体中的色素具有吸收、传递和转化光能的作用。叶绿体中的色素分为两大类，一类是叶绿素，约占总含量的3/4；另一类是类胡萝卜素，约占总含量的1/4。叶绿素又可分为叶绿素 a 和叶绿素 b；类胡萝卜素又可分为胡萝卜素和叶黄素。叶绿素 a 和叶绿素 b 主要吸收红橙光和蓝紫光，胡萝卜素和叶黄素主要吸收蓝紫光。叶绿体中的色素对绿光的吸收量最少，正因为如此，绿光被反射出来，叶绿体才呈现绿色。

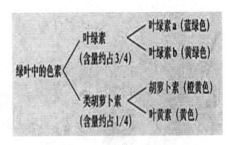

 （将阳光通过棱镜产生的光谱投射到水绵体上）

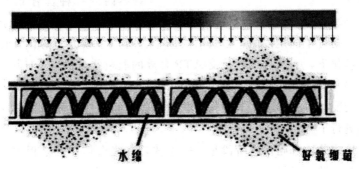

水绵　　　　　　好氧细菌

▲叶绿体的色素主要吸收红橙光和蓝紫光

自然传奇丛书

光合作用的过程

　　光合作用的过程十分复杂，包括许多化学反应。大体上说，根据是否需要光能，光合作用的过程可分为光反应阶段和暗反应阶段两个阶段。

　　光合作用的第一个阶段，必须有光能才能进行，这个阶段称为光反应阶段。光反应阶段是在叶绿体内的囊状结构薄膜上进行的。

　　在光反应阶段中，叶绿体的色素吸收光能，这些光能有两方面的用途。一方面是将水分子分解成氧气和氢［H］，氧气直接以分子的形式释放出去，而氢［H］则被传递到叶绿体的基质中，作为活泼的还原剂，参与到第二阶段中的化学反应中去；另一方面是在有关酶的催化作用下，促成 ADP 和 Pi 发生化学反应形成 ATP，在这里，光能贮存在 ATP 中，并且

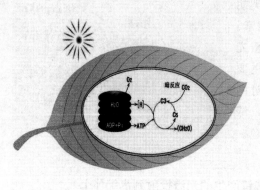

▲光合作用

这些 ATP 将参与到第二阶段中的化学反应中去。

光合作用第二个阶段的化学反应，没有光能也能进行，这个阶段称为暗反应阶段。暗反应阶段的化学反应是在叶绿体的基质中进行的。

在暗反应阶段中，绿叶从外界吸收的二氧化碳首先与植物体内的一种含有五个碳原子的化合物结合，这个过程叫作二氧化碳的固定。一个二氧化碳分子被一个五碳化合物分子固定以后，很快形成两个含有三个碳原子的化合物。在有关酶的催化下，三碳化合物接受 ATP 释放的能量并且被氢［H］还原。其中，一些三碳化合物经过一系列变化，形成糖类；另一些三碳化合物则经过复杂的变化，又形成了五碳化合物，从而使暗反应阶段的化学反应循环往复地进行下去。

光反应阶段和暗反应阶段是一个整体，在光合作用的过程中，两者是紧密联系，缺一不可的。

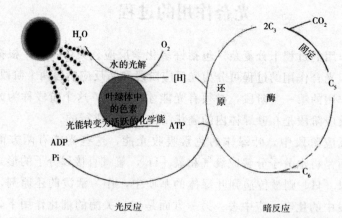

▲光合作用的过程

自然传奇丛书

光合作用的意义

　　光合作用为包括人类在内的几乎所有生物的生存提供了物质能源和能量来源。因此，光合作用对于人类和整个生物界都有非常重要的意义。具体说来，光合作用除了制造数量巨大的有机物，将太阳能转化为化学能，并贮存在光合作用制造的有机物中，以及维持大气中氧气和二氧化碳的相对稳定外，还对生物的进化具有重要的作用。

点击——绿色植物与生物进化

　　在蓝藻出现以前，地球中的大气中并没有氧。只是在距今 30 亿～20 亿年以前，蓝藻在地球上出现以后，地球的大气中才逐渐有了氧，从而使地球上其他进行有氧呼吸的生物得以发生和发展。大气中的一部分氧会转化成臭氧，臭氧在大气上层形成的臭氧层，能够有效地滤去太阳辐射中对生物具有强烈破坏作用的紫外线，从而使水生生物开始逐渐在陆地上生活，经过长期的生物进化过程，最终才出现广泛分布在自然界的各种生物。

自然传奇丛书

能量流动的源头——初级生产

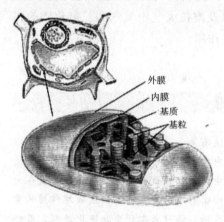

外膜
内膜
基质
基粒

▲叶绿体的立体结构

生态系统中能量的流动开始于绿色植物通过光合作用对太阳能的固定，因为这是生态系统中能量的第一次固定，所以植物所固定的太阳能或制造的有机物质称为初级生产量。初级生产是能量流动的源头，正是因为植物的光合作用，才使得能量可以进入生态系统，进而才会出现以后的能量流动，因此初级生产对生态系统来说是至关重要的。下面就让我们一起来了解一下生态系统和能量流动的初级生产。

在初级生产过程中，植物所固定的能量有一部分被植物自己的呼吸消耗掉，剩下的可以用于植物的生长和生殖，这部分生产量称为净初级生产量，而包含植物呼吸在内的全部生产量，称为总初级生产量。净初级生产量是可供生态系统中其他生物利用的能量，生产量通常用每年每平方米所生产的有机物质干重或每年每平方米所固定的能量表示，所以初级生产量又可表示为初级生产力。

全球初级生产概况

初级生产力在地球上的分布是不均匀的，生产力较高的生态系统为沼泽、湿地、河口湾、珊瑚礁等。

全球初级生产量分布特点可概括为以下四点：

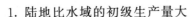

1. 陆地比水域的初级生产量大

地球表面生态系统大体可分为陆地生态系统和水域生态系统两大类型。海洋面积约占地球表面的三分之二，但其净初级生产总量只占全球净初级生产总量的三分之一，主要原因是占海洋面积最大的大洋区缺乏营养物质，其生产力很低，有海洋荒漠之称。

2. 陆地上初级生产量有随纬度增加而逐渐降低的趋势

▲大陆架

在陆地生态系统类型中，以热带雨林生产力为最高，接着是热带常绿林、落叶林、针叶林、稀树草原、温带草原、寒漠，依次减少。主要是由于太阳辐射、温度、降水等因素会随着纬度的增大而降低。

3. 海洋中初级生产量由河口湾向大陆架和大洋区逐渐降低

河口湾由于有大陆河流的辅助输入，初级生产量较高，但是它的面积不大。

为什么海洋中初级生产量由河口湾向大陆架和大洋区逐渐降低？

4. 全球初级生产量可划分为三个等级

（1）生产量极低区域，大部分海洋和荒漠属于这个区域；（2）中等生产量区域，许多草地、沿海区域、深湖和一些农田属于这类区域；（3）高生产量区域，大部分湿地生态系统、河口湾、泉水、珊瑚礁、热带雨林和精耕细作的农田、冲积平原上的植物群落属于这一区域。

万花筒

全球陆地净初级生产总量的估计值为年产 1150 亿吨干物质，全球海洋净初级生产总量的估计值为年产 55 亿吨干物质。

自然传奇丛书

初级生产的限制因素

影响生态系统初级生产的因素很多，如光照、温度、生长期的长短、水分供应状况、可吸收矿物养分的多少和食草动物的捕食量等。

在陆地生态系统中光、二氧化碳、水和营养物质是初级生产的基本资源，温度是影响光合效率的主要因素，食草动物的捕食会减少光合作物的生物量。

一般情况下植物有充分可利用的光辐射，但并不是说不会成为限制因素，例如冠层下的叶子接受光辐射可能不足。水最

▲光是影响水体初级生产的最重要因子

易成为限制因素，各地区降水量与初级生产有最密切的关系，在干旱地区，植物的净初级生产量几乎与降水量呈线性关系。温度与初级生产量的关系比较复杂，温度上升，总光合效率升高，但超过最适温度则又转为下降，并且呼吸速率会随温度上升而上升，造成其结果是，净光合生产量与温度呈峰形曲线。

在水域生态系统中光是影响水体初级生产力的最重要因子。在海洋中浮游植物的净初级生产力决定于太阳的辐射量和水中的矿质养料。在热带和亚热带海洋中，太阳辐射对光合作用是足够的，但缺少的是营养物质，这也是与陆地生态系统相比，海洋生态系统生产力明显偏低的原因。在淡水生态系统中，影响初级生产量的因素是营养物质、光照状况和食草动物的取食量。

初级生产的测定方法

初级生产的测定方法有很多，主要有收获量测定法、氧气测定法、二氧化碳测定法、放射性标记测定法、叶绿素测定法。

1. 收获量测定法

陆地生态系统中，定期收割植被，烘干至恒重，然后以每年每平方米

的干物质重量来表示。为了使结果更准确，还可以在整个生产季中多次取样，并测定各个物种所占的比重。

2. 氧气测定法

即黑白瓶法，黑瓶为不透光的瓶，其内不能进行光合作用，但可以进行呼吸作用，

▲红外气体分析仪

白瓶可以充分透光，其内既可进行光合作用，又可以进行呼吸作用，并且还要有对照，该方法多用于水域生态系统。实验时，用三个玻璃瓶，其中一个用黑胶带包上，再包上铝箔。从待测的水体深度取水，保留一瓶测定水中原有的溶氧量，经过一段时间后

1.为什么要测定一个生态系统的初级生产量？

2.初级生产量的测定还有什么其他的方法？

（通常为24小时），取出进行溶氧量测定。黑瓶中不能进行光合作用，其溶氧量的减少就是该水体的群落呼吸量，白瓶能进行呼吸作用和光合作用，其溶氧量的变化就反映了光合作用和呼吸作用之差，即净生产量。

3. 二氧化碳测定法

测定二氧化碳的释放和吸收是研究陆地生态系统初级生产力常用的方法。测定空气中二氧化碳含量的仪器是红外气体分析仪或者是古老的氢氧化钾吸收法。这种方法是用塑料帐篷将群落的一部分罩住，测定进入和抽出的空气中二氧化碳的含量，减少的二氧化碳的量就是进入有机物质中的量。

点击——提高农业初级生产的途径

1. 因地制宜，增加绿色植被覆盖，充分利用太阳辐射能，增加系统的生物量通量或能通量，增强系统的稳定性。

2. 适当增加投入，保护和改善生态环境，消除或减缓限制因子的制约。

3. 改善植物品质特点，选育高光效的抗逆性强的优良品种。

4. 加强生态系统内部物质循环，减少养分水分制约。

5. 改进耕作制度，提高复种指数，合理密植，实行间套种，提高栽培管理技术。

6. 调控作物群体结构，尽早形成并尽量维持最佳的群体结构。

自然传奇丛书

能量流动的主体——次级生产

▲次级生产的过程

能量流动是一个完整的过程，仅仅有初级生产是不够的，因为那只是能量流动的开头，能量流动还需要主体，也就是次级生产的过程。次级生产的过程是一个复杂的过程，也是一个神奇的过程，也正是由于消费者和分解者不能进行初级生产，只能依靠生产者进行次级生产，这才使得次级生产过程成为能量流动的主体。

次级生产或称为第二性生产，是指消费者和还原者的生产，即消费者和还原者利用净初级生产量进行同化作用的过程，表现为动物和微生物的生长、繁殖和营养物质的储存。次级生产速率是指异养生物生产新生物量的速率。

次级生产的过程

净初级生产量是生产者以上各营养级所需能量的唯一来源。从理论上讲，净初级生产量可以全部被异养生物所利用，转化为次级生产量，如动物的肉、蛋、奶、毛皮、骨骼、血液、蹄、角以及各种内脏器官等。

但实际上，任何一个生态系统中的净初级生产量都可能流失到这个生态系统以外的地方去，如在海岸盐沼生态系统中，大约有 45％的净初级生产量流失到了河口生态系统。还有很多植物是生长在动物所达不到的地方，因此无法被利用。总之，对动物而言，初级生产量总是有相当一部分不能被利用。即使是被动物吃进体内的植物，也还有一部分会通过动物的消化道而被原封不动地排出体外。例如，蝗虫只能消化它们所吃进食物的30％，其余的70％将以粪便的形式排出体外，供腐食动物和分解者利用。

可见，在动物吃进的食物中并不能全部地被同化和利用，有相当一部分是以排粪和排尿的形式损失掉了。在被同化的能量中，有一部分用于动物的呼吸代谢和生命维持，这一部分能量最终以热量的形式散失，剩余的那一部分才能用于动物各器官组织的生长和繁殖新个体，这也就是我们所说的次级生产量。

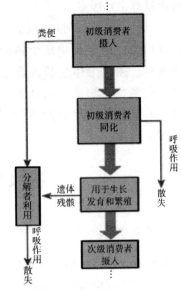

▲次级生产的过程

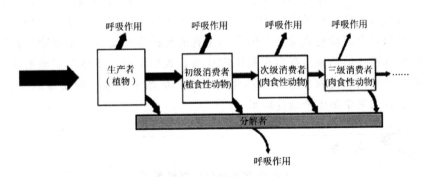

▲从初级生产到次级生产

次级生产的测定

1. 按同化量和呼吸量估计生产量。净次级生产量等于同化量减去呼吸量，其中同化量等于摄取量减去粪尿量。测定动物摄取量可在实验室内或野外进行，24小时内饲养投放的食物量减去剩余量即为动物的摄取量，在测定摄取量的同时可测定粪尿量，可以通过呼吸仪测定耗氧量或二氧化碳排出量算出呼吸量。

2. 动物的净生产量可以通过计算种群内个体的生长和新个体的出生来获得。测定个体生长的方法是连续多次测量动物个体的体重，但应注意的是，取样间隔的时间不应太长，以防止在两次取样之间一些个体出生后又死去。

还有什么方法可以用于测定次级生产量？

次级生产的效率

消费效率

在所有生态系统中，次级生产量要比初级生产量小得多。不同生态系统中食草动物利用或消费植物净初级生产量的效率是不同的。如果生态系统中的食草动物将植物生产量全部吃光，那么，它们就必将全部饿死，原因是再没有植物进行光合作用了。同样，植物种群的增长率越快，种群更新得越快，食草动物就能更多地利用植物的初级生产量。这是植物与食草动物协同进化的结果。我们在利用在草地放牧牛羊时，不能片面地追求牛羊的生产量而忽视牧场中草本植物的状况，草场中草本植物质量的降低，就预示着未来牛羊生产量的降低。

点　击

初级生产和次级生产的关系

1. 次级生产依赖初级生产。2. 合理的次级生产促进初级生产。3. 过度放牧破坏初级生产使草原退化，即过量的次级生产会降低初级生产。

同化效率

食草动物和碎屑动物的同化效率较低，而食肉动物的同化效率较高。在食草动物所吃的植物中，含有一些难以消化的物质，因此通过消化系统排出的有机物较多。食肉动物吃的是动物的组织，其营养价值较高，但食

自然传奇丛书

肉动物在捕食时往往要消耗较多的能量。因此就生产效率而言，食肉动物反而比食草动物低。

生长效率

生长效率随动物种类而异，一般来说，无脊椎动物有较高的生产效率，约为30%～40%，外温性脊椎动物居中，约为10%，内温性脊椎动物很低，仅为1%～2%。

亘古不变的法则——能量流动中的热力学

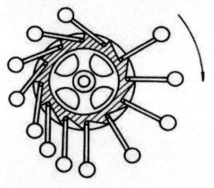

▲由于违背能量守恒定律，该永动机无法实现

能量是生态系统的动力，是一切生命活动的基础。一切生命活动都伴随着能量的转化，没有能量的转化，也就没有生命和生态系统。热力学的两个定律是人们认识自然、改造自然的有力武器，是指导人类生产、生活亘古不变的法则，因此能量在生态系统内的传递和转化规律服从热力学的两个定律。

热力学两大定律

第一定律

热力学第一定律表述如下："在自然界发生的所有现象中，能量既不能消失也不能凭空产生，它只能以严格的当量比例由一种形式转变为另一种形式。"因此热力学第一定律又称为能量守恒定律。

根据这个定律可知，一个体系的能量发生变化，环境的能量也必定发生相应的变化，如果体系的能量增加，环境的能量就要减少，反之亦然。对生态系统来说也是如此，例如，光合作用生成物所含有的能量多于光合作用反应物所含有的能量，生态系统通过光合作用所增加的能量等于环境中太阳辐射所减少的能量，但总能量是不变的，所不同的是太阳能转化为潜能进入了生态系统，表现为生态系统对太阳能的固定。

自然传奇丛书

点　击

19世纪自然科学中三大发现

1. 细胞学说；2. 达尔文的生物进化论；3. 热力学的能量守恒定律。

第二定律

热力学第二定律是对能量传递和转化的重要概括，通俗地说就是："在封闭系统中，一切过程都伴随着能量的改变，在能量的传递和转化的过程中，除了一部分可以继续传递和做功的能量外，总有一部分不能继续传递和做功，而以热的形式散失。"

对生态系统来说，当能量以食物的形式在生物之间传递时，食物中相当一部分能量转化为热而消散掉，其余则用于合成新的组织而作为潜能贮存下来。所以动物在利用食物中的潜能时，常把大部分转化为热，只有一小部分转化为新的潜能。因此能量在生物之间每传递一次，一大部分的能量就被转化为热而散失掉。

热力学定律与生态学关系

热力学定律与生态学的关系是明显的，各种各样的生命表现都伴随着能量的传递和转化，像生长、自我复制和有机物质的合成这些生命的基本过程都离不开能量的传递和转化，否则就不会有生命和生态系统。总之，生态系统与其能源太阳能的关系，生态系统内生产者与

> 试用热力学的两大定律，解释生态学中的现象。并想一想，为什么食物链的环节和营养级数一般不会多于5~6个以及能量金字塔必定呈尖塔形？

消费者之间及捕食者与猎物之间的关系都受热力学基本规律的制约和控制，正如这些规律控制着非生物系统一样，热力学定律决定着生态系统利用能量的限度。事实上，生态系统利用能量的效率很低，虽然对能量在生

自然传奇丛书

态系统中的传递效率说法不一，但最大的观测值是 30％，一般说来，从供体到受体的一次能量传递只能有 5％～20％的可利用能量被利用，这就使能量的传递次数受到了限制，同时这种限制也必然反映在复杂生态系统的结构上，如食物链的环节数和营养级的级数等。

地球上生物之间连接的桥梁

　　生态系统之中，各种生物之间的关系错综复杂，相互之间形成的生物链的形式也是各不相同。但具体说来，其基本形式大致可分为吃与被吃的选择——捕食、你死我活的对手——竞争、偷窃他人的成果——寄生、对门居住的邻居——共栖、亲密无间的战友——共生这五种。也许，你已经对生物链产生了浓厚的兴趣，但是又由于对每一种具体形式的生物链不是非常了解，不知道到底是怎么回事。不用担心，在这里，我将和你一起去了解每一种具体形式的生物链。

▲捕食

吃与被吃的选择——捕食

螳螂捕蝉，黄雀在后。"吃"与"被吃"是永远都无法回避的问题，也是每一种生物必须面对的问题。在以"吃"与"被吃"为主要形式组成的生物链中，每一种生物都是生物链中至关重要的一环，它们的地位都是一致的，没有哪一种更重要，也没有哪一种不重要。没有任何一种生物可以不遵守大自然制定的规律，任

▲捕食的瞬间

何一种生物打破了这种规律，它都要付出惨重的代价。

为了得到充足的食物，为了尽可能地存活更长时间，在进化的过程中，每一种生物都形成了一套具有自身特色的捕食策略；同时为了避免成为其他生物的盘中餐，每一种生物也形成了一套具有自身特色的反捕食策略。下面就让我们一起来领略一下它们聪明的智慧。

捕 食 策 略

经过长期进化过程，生物都形成了一套适合自己的、独特的捕食策略，总体概括起来大致可以分为"有智吃智，没智吃力"两种。

智取

动物利用智慧获取食物的方法有很多种，可以分为潜伏、运用诱饵、集体捕食（合作捕食）、使用工具、利用陷阱等。

自然传奇丛书

一　潜伏

在捕食过程中，首先隐藏自己，耐心等待被捕食动物靠近，然后以迅速出击的方式捕获猎物，田鳖和蜘蛛是典型代表种。这种捕食方式比主动搜寻和追逐方式更节省能量。田鳖是一种凶猛的捕食者，暗中追踪和攻击水生甲壳类、鱼类以及两栖类动物。它们经常静静地潜伏在水底并且将不同的伪装物附在身上，只等猎物靠近。一旦进入"射程"，它们便会发起攻击，咬住猎物并向

▲潜伏在网上的蜘蛛

其体内注射可怕的消化唾液，而后吸食被融化的猎物尸体。多数种类的蜘蛛以蛛网为捕猎工具，平常藏在附近以逸待劳，当有昆虫被蛛网粘住才出来更省力地把精疲力竭的昆虫吃掉。据有关统计，在英国大部分的草地上，蜘蛛每天吃掉的害虫数目比所有鸟类吃掉的昆虫数都多。

二　运用诱饵

在捕食过程中，利用诱饵吸引食物靠近，然后以迅速出击的方式捕获猎物。鮟鱇鱼是典型代表种，它是出了名的专业"钓"鱼能手。它的钓竿是由背鳍的第一鳍棘演变而来的。钓竿竖立在巨口的上方。在钓竿的顶端，有一个肉质的小球或者膜状物，用来引起小鱼的注意。有些栖息在黑暗深海中的鮟鱇鱼还有能发光的诱饵，就像竹竿上挑着的小灯笼，时明时暗，闪闪烁烁，在海水中飘来飘去，傻乎乎的小鱼还以为是一只小虫呢。鮟鱇鱼钓鱼的手段非常狡诈，它始终保持着高度的警惕，用能随意转动的眼睛注视着四周的动静。在诱饵的诱惑下，一旦发现小鱼接近诱饵，就张开大嘴将

▲鮟鱇鱼

自然传奇丛书

小鱼吸进嘴里。就算这时小鱼发现上当也来不及了。鮟鱇鱼的嘴里长着两排向内倒伏的尖牙，小鱼被鮟鱇鱼咬住只有认命了。

三　集体捕食

在捕食过程中，利用团队合作，集体出动，通过围捕的方式获取食物，狼和一些社群动物是集体捕食的典型代表。狼群捕杀食草动物时，通常会先派出先头部队，当先头部队发现猎物时，它们通常不去攻击猎物，而是通过有力的吼叫声通知其他的狼，当狼群集结后，它们会四面出击，从不同

▲狼群

的方向攻击猎物，团结一致地捕杀猎物。蚂蚁等一些社群动物也是集体捕食的，在蚂蚁的王国里，每只蚂蚁都有精确的分工，有蚁后、雄蚁、兵蚁、工蚁之分。在捕食的过程中，它们通常是团结一致，相互合作，甚至它们可以猎取比自己大十几倍的猎物，在捕食的过程中，部分蚂蚁会失去生命，但是剩下活着的蚂蚁还是会前赴后继，直至猎杀了食物。

力胜

这一种捕食策略是借助本身强壮粗大的身体以及特殊的捕食工具来获取食物。如虎、狮等拥有强壮粗大的身躯，有撕裂其他动物的牙齿以及扑打的尾和抓获的利爪；猛禽类具有其飞行时的快速性和体力以及尖硬的喙；毒蛇具有毒腺和毒牙。正因为这些动物具有这些有利的结构特征，所以对于它们所要捕食的猎物可以说是很少幸免的。

▲长有毒牙的蛇捕食鸟的瞬间

自然传奇丛书

万花筒

性诱饵

套索蜘蛛能分泌一种雌蛾的性外激素以吸引雄蛾靠近，用其蛛丝将雄蛾套住而吃掉，这是性诱饵。

反捕食策略

在捕食者捕食策略发展的同时，也促进了被捕食者的反捕食策略的发展。捕食者的捕食策略和被捕食者的反捕食策略是协同进化的。概括起来，被捕食者的反捕食策略主要有隐蔽、逃避、自卫、结群四种。

隐蔽

隐蔽是反捕食策略中最常用的一种。改变形态或体色，使其与周围环境相一致是最常见的保护方式：如变色龙的体色随环境而改变；雨蛙栖于树叶上，体色同叶片相同；在英国生活的黑白麻点飞蛾由于工业煤烟污染环境，身体完全变黑；竹节虫的拟态等都是这方面的典型例子。另一种隐蔽的方式是灭迹，如猫、狗等动物常常掩埋自己的新鲜粪便；海鸥在幼雏出壳时将其空壳叼到巢外较远的地方扔掉，以免肉食动物危及幼雏的安全。利用地形、草丛、地穴等有利的环境来隐蔽自己，也是隐蔽方式的一

自然传奇丛书

▲竹节虫

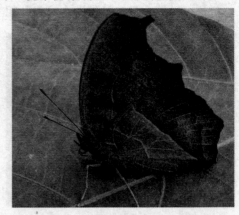

▲枯叶蝶

种，而且这是最可取的方式，因为这种方式耗能最少。

逃避

在动物遇到捕食者时，动物的一切活动就都服从于逃生的抉择，所以逃避敌害也是反捕食行为中最重要的策略。

一　斗力

在斗力方面，首先是逃向远离捕食者的地方，如穴居性动物逃回洞穴，树栖动物逃回到树上，两栖类迅速回到水中，生活在开阔地的动物则发展速度和耐力，依靠比捕

▲遇到敌害时刺猬缩作一团

食者有更快更持久的奔跑能力和飞行能力，或随时改变逃跑方向，使捕食者无法掌握其奔跑路线或飞行路线而难以捉到。

二　斗智

在斗智方面，被捕食者为了赢得逃跑时间，往往显示特殊的吓咬姿势、突然动作或报警鸣叫等，使捕食者受惊而迟疑。东方铃蟾遇到敌害，四足朝天露出红色的腹部用以吓唬对方；野兔在狐狸临近时则潜伏不动，待狐狸刚一走过，野兔突然窜出，使狐狸一时怔住而得以逃跑；刺猬等动物遇到敌害，则蜷缩成团保护头部不受敌害攻击，因为头部是捕食动物进攻时攻击的首要目标；蜥蜴则以断尾作诱饵将敌害的视线转移而逃。

三　伪装

伪装也是斗智的策略，如蜘蛛遇到敌害时，全身蜷缩不动，以假死来骗过敌害；鸣禽遇到敌害时翅下垂，突然落地，以受伤方式引开

▲装死

敌害，然后突然飞走。

自卫

如果隐蔽、逃避后还不能摆脱捕食者，那么动物就采取自卫的方式保护自己。长颈鹿与狮子捕斗时，用后蹄可一举将狮子颅骨打碎；羚羊被老虎捕杀时，它可以用犄角将老虎的腹部顶穿；乌贼受到威胁时会喷出大量的墨汁；红蝾螈以皮肤分泌河豚毒来使鼠、鸟避而远之。

结群

结群生活能够及时地发现捕食者，群中通常有一些个体专门担任警戒放哨任务，使其他个体有更多的时间用于进食，结群生活还可以依靠集体的力量对付捕食者。非洲大草原上的斑马群在遇到狮子时，斑马会头朝里尾朝外地围成一个圈，如果狮子进攻的话，它会被斑马那黑白相间的条纹弄花眼，即使冲到了斑马前，等待它的也只有斑马们的后蹄。

▲斑马群

延伸阅读——捕食者与被捕食者能够共存的原因

按照最适性理论，捕食者发展了最有效的捕食对策，而被捕食者则发展了最有效的反捕食对策。那么，最有效的捕食对策为什么没能导致被捕食者灭绝呢？反过来说，最有效的反捕食对策为什么又没有让捕食者全部死亡呢？相反，在自然界，我们却到处都能看到捕食者和被捕食者之间所形成的稳定的共存共荣系统。这是一个比较有趣的问题，为解决这一问题行为生态学家曾提出过三种假说：

自然传奇丛书

精明捕食假说

毫无疑问的是，人类有能力使自己成为一个精明的捕食者，以便避免由于过度利用食物资源而使自身绝灭。那么动物也能成为一个精明的捕食者吗？问题的关键在于群选择。在一个由精明捕食者组成的种群中，如果出现了一个欺骗者，它就会吃掉比它"合理分享的一份食物"更多一些的食物，结果，欺骗者就会因为欺骗行为而得到好处，它们传给未来世代的基因也会比老实的精明个体更多一些，这必将会导致种群内的欺骗者越来越多。这一情况虽然是精明捕食者的一个难点，但这种假说却有可能在另一些动物中找到依据。在这些动物中，个体通过占有领域而排他性地独占一部分资源，并会为了自己的长远需要（不是为了种群的利益）而节省食物资源，因此成为精明的捕食者。

群绝灭假说

如果说群绝灭在自然界是一种常见现象的话，那么我们之所以能够看到许多稳定的捕食者——被捕食者系统，是因为所有不稳定的系统都已经灭绝了。

猎物超前进化

该假说认为，稳定的捕食者——被捕食者系统之所以能够形成，是因为在进化过程中，猎物总是比捕食者超前一步进化。比如兔子比狐狸跑得快是因为兔子快跑是为了活命，而狐狸快跑只是为了获得一餐。因此，狐狸在一次捕食失败后仍然可以进行生殖，而兔子如果在一次与狐狸的快跑竞赛中落后就会丢掉性命，绝不会再有生殖的可能性。显然，快跑的进化压力对兔子（为了提高逃生能力）比对狐狸（为了提高捕食成功率）大得多。所以，在捕食者和猎物的协同进化过程中，被捕食者总是前一步适应。

你死我活的战争——竞争

物竞天择，适者生存。在地球的任何一个地方，只要存在两个或两个以上的生命，它们之间就会出现竞争。不同生物间的竞争，就如同一场战争，不是你死就是我亡。但竞争是怎么产生的？竞争的形式都有哪些？竞争会造成什么结果？

在我们人类的生活中，也会出现很多各种各样的竞争，当我们了解和掌握了自然界各种生物间的竞争规律后，我们便可以更好地应对生活中的竞争。

▲种内竞争

竞争的种类

▲竞争促使植物体形态的建成

竞争是指两个以上的有机体或物种间阻碍或制约的相互关系。从竞争作用的对象来看，竞争可以分为种间竞争和种内竞争两种。发生在同种生物不同个体间的竞争称为种内竞争；发生在不同生物之间的竞争称为种间竞争。种内竞争又可划分为争夺竞争和分摊竞争两种类型；种间竞争也可划分为资源利用性竞争和相互干扰性竞争两类。

自然传奇丛书

种内竞争

争夺竞争是指当种群数量少于环境所容纳的最大值时，物种内个体都能获得足够的资源，不会导致个体的死亡，但是当种群数量超过环境所容纳的最大值时，竞争的胜利者获得相对充足的资源，则失败者因得不到足够的资源而死亡。

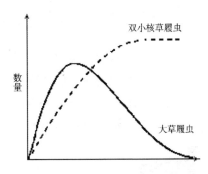

▲两种草履虫一起培养时数量变化规律

分摊竞争是指当种群数量未超过环境所容纳的最大值时，种群竞争的死亡率为零，而当种群数量超过环境所容纳的最大值时，所有个体都不能获得足够的资源，从而导致种群的灭亡。

种间竞争

资源利用性竞争是指两种生物之间因资源总量的减少而产生的对竞争对手的存活、生殖和生长的间接作用。例如大草履虫和双小核草履虫之间的竞争。大草履虫和双小核草履虫在分类和生态上相似，在单独培养时，两种草履虫都可以正常生长，但当把两种草履虫放在一起培养时，开始两种都增长，一段时间后，大草履虫的数量开始减少，最后大草履虫会完全消失，只剩下双小核草履虫，这两种草履虫没有分泌有害物质，主要是由于共同竞争食物引起的。

TSA种/涂菌　　将基质置于种过菌的琼脂平皿上

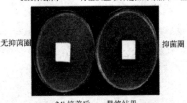

无抑菌圈　　　　　　　　　抑菌圈

24h培养后——最终结果

▲青霉菌的抑菌圈

相互干扰性竞争是指两种生物之间不仅有因资源总量减少而产生的对竞争对手的存活、生殖、生长的间接作用，更重要的是具有直接干涉，例如杂拟谷盗和锯拟谷盗在面粉中一起培养时，不仅相互竞争食物，而且有相互吃卵的直接竞争；植物的化感作用，即某种植物可以分泌有害的化学

自然传奇丛书

物质，阻止其他植物在它周围生长；再如，青霉菌在生长的过程中可以产生青霉素，从而抑制其他种类的细菌在其周围生长。

两种生物越相似，它们之间的竞争越激烈。这主要是由于相似的两种生物在其生长的过程中，所需要的资源和空间相似度较大，这会造成两种生物对资源和空间的激烈竞争。比如，生活在相同地方的植物之间的竞争远大于生活在相同地方的植物与动物间的竞争。

通常情况下，种内竞争和种间竞争同时存在，但是如果种内竞争激烈时，种间竞争则较弱，如果种间竞争激烈时，种内竞争则较弱。

万花筒

竞争的不对称性

藤壶和小藤壶之间的竞争，藤壶在生长和增殖的过程中，常常覆盖和挤压小藤壶，从而压制小藤壶的生存，而小藤壶对藤壶的生长几乎没有影响。

植物间的竞争

▲果树的密度不能过大

由于在日常生产中，与生产有关的主要是植物之间的竞争，所以我们就主要来了解一下植物间的竞争。

竞争是塑造植物体形态和生活史的动力因素之一。植物竞争即植物之间任何直接或间接的负相互作用，只要植物共享某种资源就存在大小程度不一的竞争。

竞争的理论在生产中具有指导意义。比如，在农作物播种的过程中是种植密度越大越好，还是种植密度适当最好。回答这个问题，就要了解植物的种间竞争，当农作物间的密度过大时，每株农作物所能得到的水分、阳光、二氧化碳、矿质元素等不能满足作物生长的正常需要，从而造成大面积的农作物死亡，产量严重下降。因此，在农作物播种的过程中，一定要把握好种植的密度。再比如，在林业生产过程中，如果想要获得更多的优质木材，通常采用增加种植密度的方法，这样的话相邻间的树木竞争激烈，为了得到足够的阳光，所有的树木都努力向上生长，这样所得到的木材都是直的，很少会出现弯曲的情况；如果

▲玉米田中的杂草

是种植果树，则一定要把握好密度，否则，相邻的果树之间竞争激烈，为得到阳光，都努力向上生长，会出现只长树，不结果，结实率降低的现象。

另外杂草与农作物之间的竞争是农业生产中的重要问题之一，是影响农业产量的直接因素。世界上每年因杂草危害造成的农作物减产达 9.7％，产量损失达 2 亿吨。我国农田草害面积约为 0.43 亿平方公顷，严重受害面积约 0.1 亿公顷，每年因草害损失粮食 1750 万吨。据中国农业年鉴 1996 年的统计显示，中国因草害年损失农产品近 400 万吨，通过杂草防治挽回约 900 万吨。

杂草作为农田生态系统的一员，既有其有害的一面，也有其有利的一面。维持田间一定数量的杂草，有利于农田生态系统的稳定，有时杂草还可起到防止水土流失的作用。然而当杂草发展到对作物产生危害时，就必须给予控制。

杂草与作物的竞争集中在光照、水分和营养物质三个方面，通过影响作物的叶面积、干物质积累等指标，最终表现在产量性状指标而导致作物减产。杂草与作物间的化感作用也是竞争的表现之一，最终影响作物产量。

延伸阅读——农作物与杂草

自然传奇丛书

水稻

水稻是我国的第一大粮食作物，在水稻收获时仍有 75％的稻田受到不同程度杂草的危害。水稻田杂草种类繁多，不同地区杂草种类与优势种不尽相同。水稻与杂草之间的关系表现在两个方面，一是相互为获取水分、营养、光照等的竞争作用；另一个是相互分泌某些化学物质而促进或抑制种子萌发、苗与根的生长的化感作用。

小麦

小麦是我国重要的粮食作物，而麦田草害面积约占播种面积的 38％以上。在小麦生产中，杂草的普遍发生和危害严重是制约生产的重要因素。因杂草的危害，小麦减产约 15％左右，每年小麦损失 400 万吨。麦田主要杂草有 30 多种，危害最严重的有野燕麦、看麦娘、猪殃殃等。

玉米

玉米是我国的第二大粮食作物。每年玉米草害面积达 667 万公顷，其中严重危害占 20％。一般由于玉米生长期雨水较多，给人工除草带来困难，所以玉米田杂草发生种类多、数量大、发生期长、危害严重，一般使玉米减产 20％～30％，严重的高达 40％以上，成为玉米高产优质的主要障碍。玉米的产量损失与杂草密度成极显著正相关，因此必须采取措施以控制杂草发生危害。

▲草龙——稻田中常见的一种杂草

▲即将收获的小麦

大豆

杂草危害是大豆减产的主要因素之一，杂草与大豆的竞争作用不仅使大豆的产量降低，而且严重影响大豆的品质。根据全国农田杂草考察组 1981—1985 年的调查结果，全国主要作物受害面积 277.58 万公顷，其中大豆受害面积 13.3 万公顷，一般情况下杂草可使大豆减产 10％～20％。作为中耕作物的大豆，种植行距较宽，地面覆盖率很小，利于杂草的滋生。在生长过程中，杂草根系与大豆争水肥，茎叶遮光进而争夺光照，造成大豆植株瘦弱、徒长、有机物积累少、鲜重下降。

小 知 识

杂草是一个概括性的称谓，主要包括草本植物和一小部分矮小的灌木、蕨类和藻类等。植物学家的定义是"任何在乱七八糟的土地上蔓延得很快，并能竞争过其他植物的植物"。而从作物经济的角度来看，那些"妨碍和干扰人类生产和环境的各种植物"都可称为杂草。

自然传奇丛书

农业生产的好帮手——除草剂

自从我们的祖先学会了农业种植之后，他们就有一个梦想，那就是在自己的农田中，只会生长农作物，而不会生杂草。为了实现这个梦想，我们的祖先想了很多办法，用手拔草、用锄锄地，耗费了大量的时间、精力和汗水，都不能从根本上解决这个问题。

但现在，经过数世纪科学技术的发展，人们对植物的生长有了较清楚地了解，根据植物生长的需要，聪明的科学家发明了除草剂，终于实现了祖先的愿望。下面就让我们一起来了解一下生产中最常用的除草剂吧。

▲百草枯除草剂

除草剂又称杀草剂，是一类用来杀死植物的药剂。除草剂能够有选择性地作用于特定目标，使其他对于人类有用的农作物不受伤害，或受的伤害较小。除草剂的开端可以上溯到 19 世纪末期，在防治欧洲葡萄霜霉病时，偶尔发现波尔多液能伤害一些十字花科杂草而不伤害禾谷类作物。法国、德国、美国同时发现硫酸和硫酸铜等的除草作用，并用于小麦等地除草。有机化学除草剂时期始于 1932 年选择性除草剂二硝酚的发现。20 世纪 40 年代 2，4－D 的出现，大大促进了有机除草剂工业的迅速发展。1971 年合成的草甘磷，具有杀草谱广、对环境无污染的特

▲飞机喷洒除草剂

点，是有机磷除草剂的重大突破。加之多种新剂型和新使用技术的出现，使除草效果大为提高。1980年时世界除草剂已占农药总销售额的41％，超过杀虫剂而跃居第一位。目前，除草剂被广泛使用于农业以及草坪管理，或是用来控制公路与铁路上的植被生长，也有一些用来管理森林、牧草，以及管控野生生物的活动区域。

除草剂的选择性

作物和杂草均属高等植物，亲缘关系十分相近，这就要求除草剂具备高度的选择性能，否则无法在农田中安全使用。

生化选择性

各种生物对于某一特定除草剂的代谢方式和途径有差别。在某些植物体内，除草剂能被迅速分解代谢为无活性物质；而在有些植物体内，除草剂不能分解或分解代谢为有活性的物质从而将这种植物杀死。利用除草剂在植物体内生物化学反应的差异产生的选择性，叫作生化选择性。例如，敌稗在被水稻吸收后，分解为无毒物质，稗草难以分解敌稗而被杀死。

▲人工喷洒除草剂

生理选择性

植物的根、芽或茎对除草剂的吸收和传导有一定的差异。有些植物对某些除草剂容易吸收和传导，这类植物对此种除草剂表现敏感；而有些植物对某些除草剂不易吸收和传导，从而这类植物对此类除草剂表现为安全。由此而产生的选择性，叫作生理

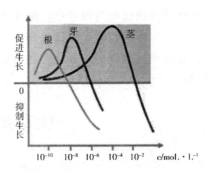

▲对某种除草剂植物根、芽、茎的反应不同

自然传奇丛书

选择性。例如，2，4—D类除草剂，它们在双子叶植物体内的传导速度与程度高于单子叶植物，从而对双子叶植物敏感，对单子叶植物安全。

形态选择性

植物的形态结构、生长点的位置不同，喷洒除草剂时，在植物表面的着药量和吸收量不同，从而影响到植物的耐药性。由此产生的除草剂的选择性，叫作形态选择性。

▲茄子和杂草的株高不同

位差选择性

利用各种植物种子或根系在土层中的分布位置不同或植物地上部分的高矮不同而获得的选择性，叫作位差选择性。例如，茄子田使用百草枯除草剂就是根据茄子植株高、杂草较低，定向喷雾药液只喷在杂草上，茄子生长点着药量极少的原理。

时差选择性

对作物有较强毒性的除草剂，利用杂草和作物出苗或生育期的不同，达到安全使用的目的，叫作时差选择性。例如，用草甘膦或百草枯除草剂杀死休闲地内已出苗的杂草，待5到7天后，土壤内的草甘磷或百草枯已钝化，无除草活性时，再播种作物，就不会影响作物出苗。

在使用除草剂时，要综合考虑它的各种选择性能以达到安全有效的除草目的。

除草剂的种类

联吡啶类

联吡啶类除草剂是在20世纪50年代末开始开发的，此类除草剂有两个重要的品种百草枯和敌草快。在中国，百草枯是主要的灭生性除草剂品种之一，在非耕地、果园广泛地使用。

该类除草剂的有效成分对叶绿体膜破坏力极强，使光合作用和叶绿素合成很快中止，叶片着药后 2～3 小时即开始受害变色。百草枯对单子叶和双子叶植物绿色组织均有很强的破坏作用，但无传导作用，只能使着药部位受害，不能穿透栓质化的树皮，接

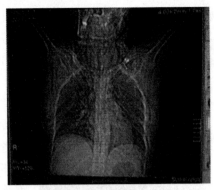

▲误服百草枯患者的胸片

触土壤后很容易被钝化，不能破坏植株的根部和土壤内潜藏的种子，因而施药后杂草有再生现象。该类除草剂是一种快速灭生性除草剂，能迅速被植物绿色组织吸收，使其枯死，对非绿色组织没有作用。

但是该类除草剂对人毒性极大，且无特效药，口服中毒死亡率可达90％以上。目前已被 20 多个国家禁止或者严格限制使用。对眼睛有刺激作用，可引起指甲、皮肤溃烂等，口服 3 克即可导致系统性中毒，并导致肝、肾等多器官衰竭，肺部纤维化（不可逆）和呼吸衰竭。因中毒前期治疗黄金期内症状不明显，容易误诊或忽视病情。

 点 击

　　常用的除草剂有：禾草灵又名伊洛克桑、草甘膦，百草枯又名克芜踪，伏草隆又名棉草伏，地乐胺又名丁乐灵，甲草胺又名草不绿等。

有机磷类

1958 年美国有利来路公司开发出第一个有机磷除草剂——伐草磷，随后相继研制出一些用于旱田作物、蔬菜、水稻及非耕地的品种，如草甘膦、草丁磷、调节磷、莎稗磷、胺草磷、哌草磷、抑草磷、丙草磷、双硫磷等。

草甘膦能被植物的叶片吸收，并在体内传导，可以抑制芳香簇氨基酸的合成。草甘膦是一种非选择性茎叶处理除草剂，土壤处理无活性。对一

自然传奇丛书

▲ 莎稗磷

年生和多年生杂草均有效。主要用在非耕地、果园。在中国，草甘膦是生产量较大的几个除草剂品种之一。

莎稗磷主要被幼芽和地下茎吸收和传导，抑制植物细胞分裂与伸长，对处于萌发期的杂草幼苗效果最好。该除草剂用于移栽水稻田，也可用于棉花、油菜、大豆、玉米、小麦等，防除一年生禾草（如稗、马唐、狗尾草、牛筋草、野燕麦）以及鸭舌草、异型莎草、牛毛毡、马齿苋、陌上菜等。

万花筒
单、双子叶植物

高等植物的种子通常有种皮、胚乳、胚三部分组成。胚又可分为胚芽、胚轴、胚根和子叶。顾名思义，单子叶植物就是指子叶只有一片的植物；双子叶植物就是指子叶有两片的植物。

二硝基苯胺类

1960年科学家筛选出具有高活性与选择性的氟乐灵，奠定了二硝基苯胺类除草剂的重要地位。二硝基苯胺类除草剂主要通过正在萌发的幼芽吸收，根部的吸收是次要的。此类除草剂结合到微管蛋白上，抑制小管生长端的微管聚合，从而导致微管的丧失，抑制细胞的有丝分裂。

二硝基苯胺类除草剂为土壤处理剂，在作物播前，或移栽前，或播后苗前施用。主要防治一年生禾本科杂草及种子繁殖的多年生禾本科杂草的幼芽。易于挥发和光

氟乐灵

有效成分含量：25克/升
剂型：乳油

农药临时登记证号：
LS20080647
生产许可证号：
XK13-200-00979
产品标准证号：
GB20696-2006

▲ 氟乐灵

解是此类除草剂的突出特性。因此，田间喷药后必须尽快进行耙地混土。其除草效果比较稳定，药剂在土壤中挥发的气体也起到重要的杀草作用，因而可适应在较干旱的土壤条件下使用。

其中氟乐灵的主要特点是易挥发、易光解、水溶剂性小，不易在土层中移动。它是选择性芽前土壤处理剂，主要通过杂草的胚芽鞘与胚轴吸收，但对已出土杂草无效。

N—苯基肽亚胺类

N—苯基肽亚胺类是20世纪80年代开发出的新型除草剂，用量极低，每公顷的用量只有十至几十克。该类除草剂被植物幼芽或叶片吸收后，抑制叶绿素的合成，且不向下传导。此类除草剂在中国有

▲左图：没有喷洒除草剂前；右图：喷洒除草剂20天后

利收和速收。利收主要用在大豆和玉米地，苗后施用防除阔叶草。速收用在大豆和花生地，播后苗前施用防除阔叶草。

利收在土壤中残留期短，适用于大豆、玉米、小麦等耐药性作物田防除阔叶杂草，但对禾本科、莎草科杂草无效，而对一般除草剂难防除的旋花、铁苋菜、苘麻、马齿苋等杂草有较好防效。菜豆、小豆、黄瓜、烟草、莴苣、甘蓝、菠菜、花椰菜、西红柿、洋葱等作物对这种除草剂较敏感。

速收对大豆和花生极安全，对后茬作物小麦、燕麦、大麦、高粱、玉米、向日葵等无不良影响。主要用于防除一年生阔叶杂草和部分禾本科杂草，如鸭跖草、黄花稔、马齿苋、马唐、牛筋草、狗尾草等。在速收处理土壤表皮后，药剂会被土壤粒子吸收，在土壤表面形成处理层，等到杂草发芽时，幼苗接触药剂处理层就枯死，常常在施用后24～48小时内出现叶面枯斑症状。

二苯醚类

1930 年 Raiford 等合成了除草醚，直到 1960 年罗门哈斯公司进行再合成并发现其除草活性后，开创了二苯醚类除草剂。近 30 年来此类除草剂有较大发展，先后研制出很多新品种，特别注目的是开发出一些高活性新品种，如甲羧醚（茅毒）、乙氧氟草醚（果尔）、杂草焚、虎威等。它们的除草活性超过除草醚 10 倍以上，因而单位面积用药量大大下降。同时，扩大应用到多种旱田作物及蔬菜。

二苯醚类除草剂主要通过植物胚芽鞘、中胚轴吸收进入体内，抑制叶绿素的合成，破坏植物细胞膜。二苯醚类除草剂是较早在我国广泛应用的除草剂之一，曾是水稻田主要的除草剂品种。此类除草剂选择性表现为生理生化选择和位置选择两方面。受害植物产生坏死褐斑，对幼龄分生组织的毒害作用较大。

除草醚难溶于水，易溶于乙醇、醋酸等，易被土壤吸附。在黑暗条件下无毒力，见阳光才产生毒力。温度高时效果大，气温在 20℃ 以下时，药效较差，用药量要适当增大，在 20℃ 以上时，随着气温升高，应适当减少用药量。除草醚可除治一年生杂草，对多年生杂草只能抑制，不能致死，对一年生杂草的种子胚芽、幼芽、幼苗均有很好的杀灭效果。

 点击

由于除草醚能引起小鼠的肿瘤，鉴于这种可能对人类健康造成潜在的威胁，包括中国在内许多国家已禁用该药。

硫代氨基甲酸酯类

硫代氨基甲酸酯类除草剂是 1954 年施多福公司首先发现丙草丹的除草活性，随后又开发了禾大壮、灭草蜢、丁草特等品种。20 世纪 60 年代初孟山都公司开发了燕麦敌一号与燕麦畏，60 年代中期稻田高效除稗剂——杀草丹问世，不久即广泛应用。我国亦于 1967 年研制成燕麦敌 2 号，促进了我国除草剂创新工作。

在农业生产的过程中，我们要根据农作物以及杂草的种类，科学合理地选择除草剂，既要保证可以杀死杂草，又要保证农作物的安全。同时在使用除草剂的过程中，要按照指导，科学合理地配置除草剂和喷洒除草剂，避免出现浪费，或者污染环境的情况。另外，部分除草剂有毒性，在生产生活过程中，一定要避免老人和小孩的接触。

除草剂可以帮助我们清除农田中的杂草，但它不是灵丹妙药，况且现在除草剂的种类有限，少数杂草已出现抗药性。因此，在生产的过程中，我们要科学合理地利用除草剂，必要的时候，还需要人工除草。

▲杂草

▲误用除草剂甲黄隆后的大蒜

动动手——为农田选用除草剂

观察自己身边农田里的杂草，根据农田中农作物的种类，以及杂草的主要类别，在老师或家长的帮助下，科学合理地为农田选用除草剂，并且要说出你选择的理由。

自然传奇丛书

偷窃他人的成果——寄生

世界之大，无所不有。在自然界中，总是有那么一些生物，不想自己劳动，只想着偷窃他人的成果，这也就是我们所说的寄生现象。通过寄生关系，宿主和寄生者联系在一起，它们之间相互影响，宿主千方百计地要摆脱寄生者，寄生者是千方百计地要偷窃他人。

角质层
背神经索
背线
下皮层
输卵管
侧线
卵巢
消化管
原体腔
排泄管
子宫
纵肌层
腹神经索
腹线

▲蛔虫的横切图

我们都讨厌肚中的蛔虫，也讨厌身体上的虱子，既然讨厌它们，我们就要了解它们，了解这种寄生关系。只有我们掌握了事物发展的规律，我们才能更好地避免损失。下面就让我们一起来了解一下这种寄生关系吧。

寄生现象及其分类

寄生是指一个物种靠寄生于另一物种的体内或体表而生活，寄生关系是以营养和空间关系为基础的，寄生者以宿主的身体为生活空间，并靠吸取宿主的营养进而生活。由于寄生物以宿主作为它的寄居场所和营养来源，并引起疾病，所以会损害宿主，甚至引起死亡。例如，蛔虫寄生在人的肠道内，吸取营养，危害人体；锈菌寄生于多种经济植物，危害农、林业生产。

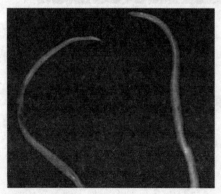

▲蛔虫的成虫

寄生物为适应它们的宿主表现出

自然传奇丛书

极大的多样性，其宿主可能是植物、动物也可能是其他寄生物。寄生物也可分为微型和大型两类，微型寄生物直接在宿主体内增殖，多数生活在细胞内，如疟原虫，植物病毒等；大型寄生物在宿主体内生长发育，但其繁殖要通过感染期，从一个宿主机体到另一个机体，多数生活在细胞间隙或体腔消化道等地方，如蛔虫等。

▲体外寄生的虱子

　　寄生在宿主体表的为体外寄生；寄生在宿主体内的为体内寄生。终生营寄生生活的为整生寄生；仅在生活周期中的某个发育阶段，营寄生生活的为暂时寄生。寄生性有花植物可分为全寄生和半寄生，前者是指植物缺乏叶绿素，无光合能力，其营养全部来源于宿主植物；后者虽能进行光合作用但根系发育不良，需要由宿主提供营养。

寄生生活对寄生虫的影响

　　从自然生活演化为寄生生活，寄生虫经历了漫长的适应宿主环境的过程。寄生生活使寄生虫对寄生环境的适应性以及寄生虫的形态结构和生理功能发生了变化。

对环境适应性的改变

　　在演化过程中，寄生虫长期适应于寄生环境，在不同程度上丧失了独立生活的能力，对于营养和空间依赖性越大的寄生虫，其自生生活的能力就越弱；寄生生活的历史愈长，适应能力愈强，依赖性愈大。因此与共栖和互利共生相比，寄生虫更不能适应外界环境的变化，因而只能选择性地寄生于某种或某类宿主。寄生虫对宿主的这种选择性称为宿主特异性，实际是反映寄生虫对所寄生的内环境适应力增强的表现。

自然传奇丛书

万花筒

　　雌蛔虫的卵巢和子宫的长度为体长的 15～20 倍，日产卵约 24 万个；牛带绦虫日产卵约 72 万；日本血吸虫每个虫卵孵出毛蚴进入螺体内，经无性的蚴体增殖可产生数万条尾蚴。

形态结构的改变

▲艾滋病病毒

　　寄生虫可因寄生环境的影响而发生形态构造变化。如跳蚤身体左右侧扁平，以便行走于皮毛之间；寄生于肠道的蠕虫多为长形，以适应窄长的肠腔。某些器官退化或消失，如寄生历史漫长的肠内绦虫，依靠其体壁吸收营养，其消化器官已退化无遗。某些器官发达，如体内寄生线虫的生殖器官极为发达，几乎占原体腔全部，以增强产卵能力；有的吸血节肢动物，其消化道长度大为增加，以利大量吸血，如软蜱饱吸一次血可耐饥数年之久。新器官的产生，如吸虫和绦虫，由于定居和附着需要，演化产生了吸盘为固着器官。

生理功能的改变

　　肠道寄生的蛔虫，其体壁和原体腔液内存在对胰蛋白酶和糜蛋白酶有抑制作用物质，在虫体角皮内的这些酶抑制物，能保护虫体免受宿主小肠内蛋白酶的作用。许多消化道内的寄生虫能在低氧环境中以无氧呼吸的方式获取能量。寄生虫的繁殖能力增强，是保持虫种生存，对自然选择适应性的表现。

点击——世界上致命的六种神秘病毒

1. 埃博拉病毒。埃博拉病毒能使人体内脏破碎，感染者每个毛孔都往外渗血。死亡率非常高，被感染者的死亡率高达90%。

2. 拉萨热病毒。拉萨热病毒能够引起人体内脏的大出血，每七个感染者中会有一个死亡。

3. 马尔堡病毒。这种病毒可以为所欲为地侵犯人体所有的器官组织，临床表现为，组织器官坏死，皮肤、

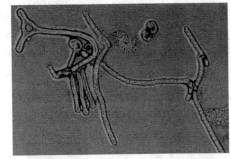

▲埃博拉病毒

内脏以及全身性的大出血，并伴有中枢神经系统炎症、心力衰竭、脑膜炎等炎症，死亡率高达90%以上。

4. 西尼罗河病毒。感染初期和流感相似，但随之会出现脑膜炎、其他脑疾病和阵发性疾病，有10%的患者终身无法痊愈。

5. 登革热病毒。这是一种依靠蚊虫叮咬传播的疾病，感染后会出现高热，全身肌肉、骨髓及关节痛，极度疲乏，部分患者可有皮疹、出血倾向和淋巴结肿大等表现。本病于1779年在埃及开罗、印度尼西亚雅加达及美国费城发现。

6. 马秋波病毒。该病毒由老鼠携带，感染初期表现为发热，随后鼻子、牙龈、肠胃内会出血，30%的感染者会死亡。

菟丝子——植物中的寄生者

菟丝子属于旋花科，菟丝子属，是一种生理构造特别的寄生植物。其组成的细胞中没有叶绿体，利用爬藤状构造攀附在其他植物上，并且从接触宿主的部位伸出尖刺，戳入宿主直达韧皮部，吸取养分以维生，更进一步还会储存成淀粉粒于组织中。菟丝子对阳光充足的开阔环境似乎有所偏好，举凡住家的绿篱、路边的护坡、海边的灌木丛，都是菟丝子理想的寄生环境。菟丝子的寄主范围相当的广泛，多数草本双子叶及某些单子叶植物都可能成为菟丝子的寄生对象。菟丝子

自然传奇丛书

▲寄生在其他植物上的菟丝

▲菟丝子已覆盖整株植物

▲正在开花的菟丝子

自然传奇丛书

有成片群居的特性，故在野外极易辨识。

菟丝子的种子在萌发时形成的幼芽无色，呈丝状，附着在土粒上，另一端形成丝状的菟丝，在空中旋转，碰到寄主就缠绕其上，在接触处形成吸根，进入寄主组织后，部分细胞组织分化为导管和筛管，与寄主的导管和筛管相连，吸取寄主的养分和水分。此时初生菟丝死亡，上部茎继续伸长，再次形成吸根，茎不断分枝伸长形成吸根，再向四周不断扩大蔓延，严重时将整株寄主布满菟丝子，使受害植株生长不良，也有寄主因营养不良加上菟丝子缠绕引起全株死亡。每棵菟丝子能产生 5000～6000 颗种子，并且种子有休眠作用，在土壤中可存活数年之久。所以一旦田地被菟丝子侵入后，会造成连续数年均遭菟丝子危害问题。

菟丝子主要分布在广西、广东、海南、福建、云南、贵州、四川、湖南、台湾等省区。可以寄生在龙眼、荔枝、柑橘、沙田柚、蝴蝶果等多种果树。菟丝子寄生在果树上，吸取树体水分和营养物质，其藤茎生长迅速，常缠绕枝条，甚至把整个树冠覆盖，不仅影响叶片的光合作用，致使叶片黄化、脱落，削弱树势，严重时果树不能生长和开花结果，甚至造成枝梢干枯或整株枯死。

菟丝子的防治方法主要有以下几点：

1. 农业防治：结合苗圃和果园的栽培管理，掌握在菟丝子种子萌发期前进行中耕除草，将种子深埋在 3 厘米以下的土壤中，使其难以萌芽出土。

2. 人工防治：春末夏初，常检查苗圃和果园，一旦发现菟丝子幼苗，应及时拔除烧毁。每年5～10月份，常巡视果园，或结合修剪，剪除有菟丝子寄生的枝条，或将藤茎拔除干净。

3. **药剂防治**：对有菟丝子发生较普遍的果园和高大的果株，一般于5～10月份，酌情喷药1～2次。有效的除草剂有：草甘膦、地乐胺等。

万 花 筒

中药——菟丝子

菟丝子能治各种疮毒及肿毒，又能滋养强壮治黄疸，故亦为一种中医良药。它具有滋补肝肾，固精缩尿，安胎，明目，止泻的功能。可用于治疗腰膝酸软、目昏耳鸣、脾肾虚泻、白癜风等疾病。

自然传奇丛书

损害人体健康的恶魔——寄生虫病

寄生虫病，顾名思义，就是由于寄生虫寄生在人或其他动物体内所引起的疾病。由于寄生虫对人类健康的影响较大，所以我们要重点了解由寄生虫引起的各种疾病。在这里我们以我国重点防治的寄生虫病为例，给大家介绍这些寄生虫病的特征、危害以及防治方法，它们分别为血吸虫病、疟疾和黑死病。

▲云南省寄生虫病防治所标志

血吸虫病

血吸虫病是一种由血吸虫的成虫寄生在人、牛、猪或其他哺乳动物的血液中引起的疾病。在我国人体内寄生的血吸虫主要是日本血吸虫。不论何种性别、年龄和种族的人对日本血吸虫皆有易感性。在多数流行区，年龄感染率通常在11～20岁升至高峰，以后下降。在传播途径的各个环节中，含有血吸虫虫卵的粪便污染水源、钉螺的存在以及群众接触疫水，是三个重要的环节。在我国的血吸虫病流行区，人、牛和不圈养的猪是主要的传染源，不论男女老少

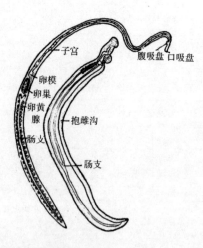

▲日本血吸虫成虫

自然传奇丛书

都容易感染血吸虫病，不经药物治疗，血吸虫病不可能自然痊愈，得过病后也不产生免疫力，治愈后的人如接触疫水，还会再次得病。

为了适应在血管的生活，血吸虫体型通常为长圆柱形，且为雌雄异体。血吸虫的生活史一般为：虫卵从宿主的粪便中排出，如粪便进入河水，虫卵便在水中孵化成毛蚴。毛蚴并不感染人，而要先钻进钉螺体内寄生，钉螺被称为中间宿主。一条毛蚴在钉螺体内可发育、繁殖成上万条尾蚴。尾蚴离开钉螺后在浅表的水面下活动，遇到人或哺乳动物的皮肤便钻入体内，进入血液，使人或动物感染血吸虫病，有尾蚴的水称为疫水。

▲日本血吸虫的生活史

自然传奇丛书

根据患者的感染度、免疫状态、营养状况、治疗是否及时等因素的差异，日本血吸虫病可分为急性、慢性和晚期三期。

当尾蚴侵入皮肤后，部分患者局部出现丘疹或荨麻疹，称尾蚴性皮炎。在接触疫水 1～2 月后，雌虫开始大量产卵，此时少数患者出现的以发热为

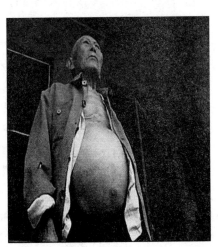

▲血吸虫病患者

主的急性变态反应性症状，除发热外，伴有腹痛、腹泻、肝脾肿大及嗜酸性粒细胞增多，粪便检查血吸虫卵或毛蚴孵化结果阳性，称为急性血吸虫病。

然后病情逐步转向慢性期，在流行区，90％的血吸虫病人为慢性血吸虫病，此时，多数患者无明显症状和不适，也可能不定期处于亚临床状态，表现腹泻、粪中带有黏液及脓血、肝脾肿大、贫血和消瘦等。一般在感染后 5 年左右，部分重感染患者开始发生晚期病变。

晚期血吸虫病可分为巨脾、腹水及侏儒三型，一个病人可兼有两种或两种以上表现。在临床上常见是以肝脾肿大、腹水、门脉高压，以及因侧支循环形成所致的食管下端及胃底静脉曲张为主的综合征。晚期病人可并发上消化道出血，肝性昏迷等严重症状而致死。

人得了血吸虫病会严重损害身体健康。20世纪50年代以前，我国血吸虫病流行十分严重，造成疫区居民成批死亡，无数病人的身体受到摧残，致使田园荒芜、满目凄凉，

▲灭螺

出现许多"无人村""寡妇村""罗汉村""棺材田"等悲惨景象。

血吸虫病不仅严重危害人体健康，同时对家畜也会造成极大的危害。家畜得了血吸虫病后出现拉痢、消瘦和生长迟缓，使免疫力下降，若不及时治疗，有可能导致死亡，严重影响农业和畜牧业的发展。1980年，湖南省君山农场购入的200多头莱牛，不久就感染上血吸虫病而无一存活。由于血吸虫病严重危害人类的健康，影响疫区经济发展，对人们的危害性较大！

对本病的预防应以灭螺为重点，采取普查普治病人与病畜、管理粪便与水源及个人防护等综合措施。

1.管理传染源。在流行区每年普查普治病人、病牛，做到不漏诊。并且要采取积极的措施对病人和病牛进行控制和治疗。

2.切断传播途径。（1）灭螺是预防本病的关键。因为钉螺是血吸虫的中间宿主，因此应摸清螺情，因地制宜，采用垦种、养殖、水淹、土埋及火烧等物理灭螺或药物灭螺法，并坚持反复进行。（2）加强粪便管理与水源管理，防止人畜粪便污染水源。粪便需经无害化处理后方可使用，处理方法可因地制宜，如沼气粪池。在流行区，提倡饮用自来水、井水或将河水储存3天后再使用，必要时还可以使用漂白粉和漂白精。

3.保护易感人群。尽量避免接触疫水，尤其应严禁儿童在疫水中游泳、洗澡、嬉水、捕捉鱼虾等。因工作需要必须与疫水接触时，应加强个

人防护。血吸虫疫苗已在家畜中使用，近年来开展的血吸虫疫苗研制工作有可能制备出适合于人类的有效疫苗。

点 击

湖北省阳新县 20 世纪 40 年代有 8 万多人死于血吸虫病，毁灭村庄 7000 多个，荒芜耕地约 1.5 万公顷；1950 年，江苏省高邮县新民乡的农民在有螺洲滩下水劳动，其中 4019 人患了急性血吸虫病，死亡 1335 人，死绝 45 户，遗下孤儿 91 个。

疟　疾

疟疾又名打摆子，是由疟原虫寄生于人体所引起的寄生虫病，一般是由经疟蚊叮咬或输入带疟原虫者的血液而感染的，不同种类的疟原虫可分别引起间日疟、三日疟、恶性疟及卵圆疟等。本病主要表现为周期性规律发作，全身发冷、发热、多汗，长期多次发作后，可引起贫血和脾肿大。该病在夏秋季发病较多，在热带及亚热带地区一年四季都可以发病，并且容易流行。

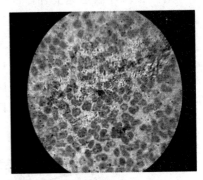

▲显微镜下的疟原虫

疟疾是一很古老的疾病，远在 2000 年前《黄帝内经·素问》中即有《疟论篇》和《刺论篇》等专篇论述疟疾的病因、症状和疗法，并从发作规律上分为"日作""间日作""三日作"。

疟疾在今天仍然是人类的最大杀手之一，它广泛流行于世界各地。据世界卫生组织统计，目前仍有 92 个国家和地区处于高度和中度流行，每年发病人数为 1.5 亿，死于疟疾者逾 200 万人。新中国成立前我国的疟疾连年流行，尤其在南方，病死率很高。新中国成立后，全国建立了疟疾防治机构，广泛开展了疟疾的防治和科研工作，疟疾的发病率已显著下降。

本病流行受温度、湿度、雨量以及按蚊生长繁殖情况的影响。温度高

自然传奇丛书

自然传奇丛书

于 30℃ 低于 16℃ 则不利于疟原虫在蚊体内发育，适宜的温度、湿度和雨量利于蚊滋生，因此，北方疟疾有明显季节性，而南方常终年流行。疟疾通常呈地区性流行，然而，战争、灾荒、易感人群介入或新虫株导入，可造成大流行。

▲传播疟疾的蚊子

典型的疟疾多呈周期性发作，表现为间歇性寒热发作。一般在发作时先有明显的寒战，全身发抖，面色苍白，口唇发绀，寒战持续约 10 分钟至 2 小时，接着体温迅速上升，常达 40℃ 或更高，面色潮红，皮肤干热，烦躁不安，高热持续约 2～6 小时后，全身大汗淋漓，大汗后体温降至正常或正常以下。经过一段间歇期后，又开始重复上述间歇性定时寒战、高热发作。婴幼儿疟疾发热多不规则，可表现为持续高热或体温忽高忽低，在发热前可以没有寒战表现，或仅有四肢发凉、面色苍白等症状。

疟原虫的发育过程分两个阶段，即在人体内进行无性繁殖、开始有性

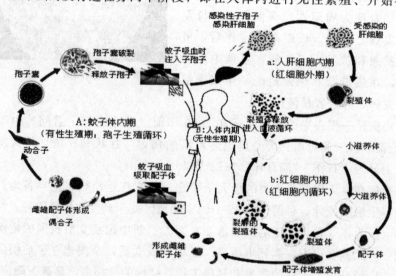
▲疟原虫的生活史

繁殖和在蚊体内进行有性繁殖与孢子繁殖。疟原虫在人体内发育增殖分为两个时期，即寄生于肝细胞内的红细胞外期和寄生于红细胞内的红细胞内期。

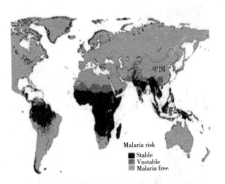

▲疟疾在全球的分布（深色为重灾区）

疟疾病人及带虫者是疟疾的传染源，且只有末梢血中存在成熟的雌雄配子体时才具传染性。疟区的轻症患者及带虫者，没有明显临床症状，血中也有配子体，这类人员也可成为传染源。疟疾的自然传播媒介是按蚊。按蚊的种类很多，可传播人疟的有60余种。据其吸血习性、数量、寿命及对疟原虫的感受性，我国公认中华按蚊、巴拉巴蚊、麦赛按蚊、雷氏按蚊、微小按蚊、日月潭按蚊及萨氏按蚊等七种为主要传疟媒介按蚊。人被有传染性的雌性按蚊叮咬后即可受染，偶尔输入带疟原虫的血液或使用含疟原虫的血液污染的注射器也可传播疟疾。

▲预防疟疾的方法

防止疟疾要抓住积极治疗传染源、彻底灭按蚊和搞好个人防护这三个基本环节。

1. 积极治疗传染源。在流行期内做好患者的普查工作，确保不漏诊，并用药物积极控制和治疗疟疾患者。

2. 彻底消灭按蚊，切断传播途径。主要措施是搞好环境卫生，包括清除污水，改革稻田灌溉法，发展池塘、稻田养鱼业，室内、畜棚经常喷洒杀蚊药等。

3. 搞好个人防护。包括搞好个人卫生，夏天不在室外露宿，睡觉时最好要挂蚊帐；白天外出，要在身体裸露部分涂些避蚊油膏等，以避免蚊叮。

自然传奇丛书

自然传奇丛书

科技链接

美国亚利桑那大学研究人员运用分子生物技术"改造"出一种能百分之百抗疟原虫的蚊子。研究人员希望有一天把这些蚊子放归自然，让它们与普通蚊子交配繁衍，从而彻底斩断疟疾传播途径。

点击——世界疟疾日

2007年5月，第六十届世界卫生大会通过决议，决定从2008年起将每年4月25日或个别成员国决定的一日作为"世界疟疾日"，要求各成员国、有关国际组织和民间团体，以适当形式开展"世界疟疾日"防治宣传活动。根据上述决议，结合我国实际情况，卫计委决定将每年的4月26日确定为我国的"全国疟疾日"。

黑 死 病

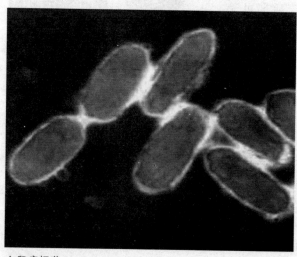

▲鼠疫杆菌

黑死病是人类历史上最严重的瘟疫之一，起源于亚洲西南部，约在1340年散布到欧洲，"黑死病"之名是当时欧洲的称呼。黑死病在全世界范围内造成了大约7500万人死亡，其中2500万为欧洲人，根据估计，中世纪欧洲约有1/3的人死于黑死病。一般认为这个名称是取自其中一个显著的症状，患者的皮肤会因为皮下出血而变黑。黑死病是由一种称为鼠疫杆菌的细菌所造成，这些细菌是寄生于跳蚤身上，并借由黑鼠等动物来传播。

小知识

1346 年，在蒙古军队进攻黑海港口城市卡法时，用抛石机将患鼠疫而死的人的尸体抛进城内，从而引发瘟疫的流行。通常认为，这是人类历史上第一次细菌战。

万花筒
历史记载死于黑死病的人数

1467 年，俄罗斯死亡 127000 人；1348 年德国编年史学家吕贝克记载死亡了 90000 人，最高一天的死亡数字高达 1500 人；在维也纳，每天都有500～700 人因此病丧命。

黑死病从中亚地区向西扩散，并在 1346 年出现在黑海地区。它同时向西南方向传播到地中海，然后就在北太平洋沿岸流行，并传至波罗的海。约在 1348 年，黑死病在西班牙流行，1349 年传到英国和爱尔兰，1351 年传到瑞典，1353 年传到波罗的海地区的国家和俄罗斯，只有路途遥远和人口疏落的地区才未受伤害。

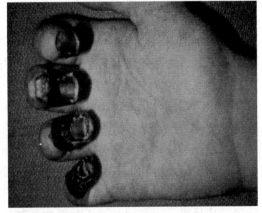

▲黑死病症状

黑死病是历史上最为神秘的疾病，从 1348 年到 1352 年，它把欧洲变成了死亡陷阱，并在以后 300 年间，黑死病不断造访欧洲和亚洲的城镇，威胁着那些劫后余生的人们。

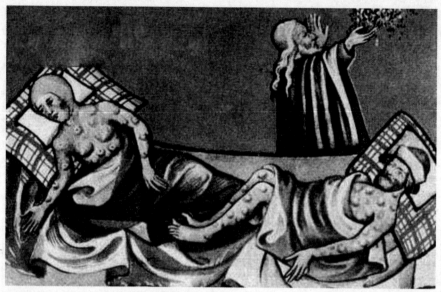

▲黑死病给当时社会带来巨大恐慌

　　黑死病可能是一种淋巴结肿的瘟疫，这种由鼠疫杆菌细菌所引起的传染病，在今天仍然被发现而且同样危险。这种病菌是由跳蚤的唾液所携带，带疫的跳蚤可能是先吸到受感染的老鼠血液，等老鼠死后，再跳到人体身上，透过血液把细菌传染到宿主的体内。黑死病患者会出现大块黑色而疼痛并且会渗出血液和浓汁的肿瘤，受感染的人会高烧不退且精神错乱，很多人在感染后的四十八小时内就死掉，但亦有少数人能够抵抗这个传染病并存活下来。

　　另外据考证，黑死病的大爆发也与中世纪欧洲大量的屠杀所谓女巫有关，因为当时普遍信仰宗教的欧洲人认为猫是女巫的宠物和助手，所以猫被大量的消灭，以至于在当时相当长的一段时间内猫在欧洲绝迹。黑死病重要的传播媒介老鼠则在这条断裂的生物链中以几倍的数量增长，为黑死病的爆发创造了最重要的条件。

　　欧洲文学史上最重要的人物之一，意大利文艺复兴时期人文主义的先驱薄伽丘在1348—1353年写成的《十日谈》就是瘟疫题材的巨著，引言里就谈到了佛罗伦萨严重的疫情。他描写了病人怎样突然跌倒在大街上死去，或者冷冷清清在自己的家中咽气，直到死者的尸体发出了腐烂的臭味，邻居们才知道隔壁发生的事情。旅行者们见到的是荒芜的田园无人耕耘，洞开的酒窖无人问津，无主的奶牛在大街上闲逛，当地的居民却无影无踪。

当时的人们对黑死病极度恐惧，为了逃避死亡，尝试了各种方法，他们祈求上帝、吃精细的肉食、饮用好酒……医生们企图治愈或者缓和这种令人恐惧的症状，他们用尽各种药物，也尝试各种治疗手段，从通便剂、催吐剂、放血疗法、烟熏房间、烧灼淋巴肿块或者把干蛤蟆放在上面，甚至用尿洗澡，但是死亡还是不断降临到人间。一些深受宗教束缚的人们以为是人类的堕落引来神明的惩罚，他们穿过欧洲的大小城镇游行，用镶有铁尖的鞭子彼此鞭打，口里还哼唱着"我最有罪"。而在德国的梅因兹，有1.2万犹太人被当作瘟疫的传播者被活活烧死，斯特拉堡则有1.6万犹太人被杀。只有少数头脑清醒的人意识到可能是动物传播疾病，于是他们把仇恨的目光集中到猫狗等家畜身上，他们杀死所有的家畜，大街上满是猫狗腐败的死尸，腐臭的气味让人窒息，不时有一只慌乱的家猫从死尸上跳过，身后一群用布裹着口鼻的人正提着木棍穷追不舍。没有人会怜悯这些弱小的生灵，因为它们被当作瘟疫的传播者。

黑死病对欧洲人口造成了严重影响，改变了欧洲的社会结构，动摇了当时支配欧洲的罗马天主教教会的地位，并因此使得一些少数族群受到迫害，例如犹太人、穆斯林、外国人、乞丐以及麻风病患者。约十分之一的欧洲人天生对艾滋病具有抵抗力，这也要归功于欧洲历史上最臭名昭著的瘟疫——黑死病或者天花。

万花筒

《十日谈》

《十日谈》是薄伽丘最优秀的作品，《十日谈》被称为"人曲"，是和但丁的《神曲》齐名的文学作品。作品中描写和歌颂了现世生活，赞美爱情是才智高尚的源泉，歌颂自由爱情的可贵，肯定人们的聪明才智等。

点击——英格兰的"瘟疫之村"

英格兰德比郡的小村亚姆有一个别号，叫"瘟疫之村"。但这个称呼并非耻辱，而是一种荣耀。1665年9月初，村里的裁缝收到了一包从伦敦寄来的布料，4天后他死了。月底又有5人死亡，人们这才发现原来衣料中混入了带着鼠疫病菌的跳蚤。但为了不祸害其他地区，村民们自发进行了隔离，不让外人进入，里面的人也不能出去。附近地区的瘟疫渐渐得到了控制，但亚姆村民为此做出了巨大的牺牲，在瘟疫肆虐长达一年多的时间，全村350多人有260多人死于瘟疫。

自然界的大宝库

　　学习的目的是什么？学习是为了掌握事物发展的规律，只有我们掌握了事物发展的规律，我们才可以更好地利用它，让它更好地为人类造福。同样的道理，我们了解和学习生物链的目的也是要掌握它的规律，并且利用它的优点，躲避它的缺点。生物链是自然界的大宝库，目前我们人类对它的利用主要有生态农业、生物防治农作物病虫害、生物多样性的保护等方面。随着科技的进步，随着人们对生物链的进一步了解，我们将会更好地利用自然界的这一宝库。下面我们就一起来了解一下生物链在人类生产活动中的具体应用吧。

▲ "桑基鱼塘" 生产模式

新时代的新农业——生态农业

社会在发展,科技在进步,农业同样如此。农业发展的历史,就是人类奋斗的历史。自从工业革命以来,机械化大生产奠定了现代农业的基础,但是随之而来的是环境问题、资源问题,甚至人类生存的问题。现代农业已面临着种种危机,我们必须为它寻找一条新的出路。因此充分利用

▲生态农业

生物链的新时代的新农业——生态农业就应运而生了。

农业的发展史

农业自出现以来,经历了三个大的历史阶段,即刀耕火种的原始农业、自给自足的传统农业和集约化的现代农业阶段。不同阶段的农业生产形式、生产效率、技术水平和对人类的贡献差异明显,体现了人和自然的结合以及人类利用、改造自然的层次和水平。

▲传统农业

现代农业是人类对自然从依附到解放的一次飞跃,人类的确在很多地方超脱了对大自然的依附,经过18世纪的工业革命,到19世纪40年代以后,发达国家结束了几千年的传

自然传奇丛书

统农业而进入了以机械化、水利化、化学化和电气化为标志的现代农业时期。现代农业创造了巨大的社会生产力，适应了社会的需求，在解决人类食物的供应上，做出了巨大的贡献，已成为工业化国家农业生产的主要形式。

然而，现代农业使大量无机物质输入土壤系统，一方面，造成非再生资源（石油、煤、金属、非金属矿产）的耗竭；另一方面，造成环境污染，破坏了农业生态系统的平衡，产投比也越来越小，与农业有关的"粮食、人口、能源、资源和环境"等世界性的重大社会问题愈加突出，使现代农业发展面临着严峻的挑战。

万花筒
现代农业的进步

1945 年美国玉米产量大约为 2 吨每公顷，而到 1978 年时产量高达 6 吨每公顷；1945 年一头好的奶牛每年产奶 3900 公斤，到 1978 年已达到 6600 公斤。

现代农业面临的危机

▲现代农业

一　加剧能源消耗

现代农业所面临的最大挑战是资源问题，不可再生的石油等资源的消耗急剧增加，加剧了能源短缺与社会需求之间的矛盾，同时也带来了一系列的环境危机。现代农业是建立在非再生能源转化为农产品的基础之上，它依靠增大化肥、农药、农机、电力等的用量来提高农业产量。美国每年在食物供应系统上输入的能量平均为每人 1250 升汽油。如果全世界都用这个标准来进

自然传奇丛书

行食物生产，则所有的石油贮存量将在 13 年内全部消耗殆尽。

二　破坏自然生态环境，造成严重的环境污染

不合理的毁林开荒及大量的机械操作导致自然生态失调。随着人口的增长，人类往往以扩大耕地面积来增加食物生产。人们毁林开荒、填海围湖、开垦草原以增加耕地面积，由此导致森林锐减，屏障受损，土壤沙化，良田减少，造成各种各样的灾害。

农业化肥、杀虫剂、除草剂的使用不断增加，大量的化肥流失到水体中，造成水体富营养化，对水体中的动植物区系造成严重的生态危害。并且化肥只能补偿土壤中无机物营养消耗，而不能增加土壤有机物，相反，长期使用单一品种的化肥，或者化肥不能与有机肥配合使用，则会破坏土壤中的固氮微生物，从而严重降低土壤肥力。

三　现代农业的生产效益不断降低，收益递减现象十分明显

在这种情况下，势必造成无机能源的投入与农作物有机物产出之间的比例下降，出现收益递减现象。这种能量投入的报酬递减，进一步加剧了能源的紧张，使西方发达国家以石油为依靠的机械化、化学化集约农业陷入了困境。当前人类的活动已遍布全球，其后果就是能源耗费、资源枯竭、人口膨胀、粮食短缺、环境污染、生态破坏，这六大基本问题的产生都与农业的发展模式密切相关。

　点　击

农药、化肥的滥用

20 世纪 70 年代，世界粮食生产平均增长率为 3.35％，而化肥增长率达到 6.49％，其中氮素施用量增加达 30％。在农耕区施用的氮肥中被作物利用的只有 30％，其余 70％都进入了地下水。

生态农业的兴起

面对现代农业带来的种种问题，人们不得不重新选择自己的农业道路，一系列新的农业思想和农业理论相继出现，"生态农业"便是其中之一。许多实例已充分表明，走生态农业的道路，是当今世界农业发展的总趋势。

自然传奇丛书

▲生态农业种植的绿色食品

生态农业自提出以来，特别是菲律宾的马雅农场获得成功以来，受到世界各国的重视。它作为一种新的独立的农业生产形式，是人类日益增长的物质需求和社会生产力发展而造成的诸如环境污染、能源短缺以及人们对农业发展高投入、重污染等经验教训反思的结果；是人们汲取有史以来农业生产方式的全部精华；摒弃现代农业中有损于生态经济平衡和社会全面发展的综合结果；是一种在最大限度地向社会提供丰富优质农副产品的同时，有利于自然生态良性循环的新型农业生产体系。

　万 花 筒

生态农业的提出

生态农业这一概念是美国密苏里大学土壤学家 W. A. Albrecbt 教授于 1971 年首次提出的一种新型农业形态。

生态农业简介

▲ "桑基鱼塘"

生态农业即人们精心地对待农业，使其与自然秩序相和谐。生态学家叶谦吉认为，生态农业就是从系统思想出发，按照生态学原理、经济学原理和生态经济学原理，运用现代科学技术成果和现代管理手段以及传统农业的有效经验建立起来，以期获得较高的经济效益、生态效益和社会效益的现代化农业发展模式。简单地说，生态农业就是遵循生态学、生态经济学原理进行集约经营管理的综合农业生产体系。

点击——生态农业的核心和目标

生态农业的核心是生物技术，其特点是知识密集、技术先进、投资少、效益高、适应面广。基本目标是使农业成为具有强大的自然再生产和社会再生产能力的农业。生态农业所追求的更高目标是要求生态、经济和社会三种效益全面达到更佳状态，即人口的数量达到适合水平，同时人们对农副产品、劳动就业、环境质量等多方面的不断增长的要求能得到充分满足；资金产投比和资金积累速度达到最大，价值转换达到最佳状态，能充分满足扩大再生产对资金的需求，同时能使人们的生活环境质量达到更佳状态。

生态农业的模式

生态农业的模式之一是以沼气生产为中心的能量和产品的生产网络，把种植业、畜牧业、渔业、食品加工业以及食用菌栽培和蚯蚓养殖生产等

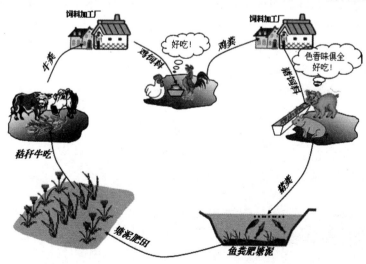

▲生态农业生产模式

▲生态农业观光园

联结起来，组成良性循环的利用系统，以获得显著的经济效益和生态效益。

"桑基鱼塘"是我国珠江三角洲和太湖地区农民的伟大创造。这些地区地势低洼，水患严重。当地广大劳动人民在长期的生产实践中，因地制宜，因势利导，根据地区特点，把低洼地挖深为塘，挖出的泥土置于四周为基，塘内养鱼，基面植桑种作物，这样形成了一个"基种桑、塘养鱼，桑叶饲蚕，蚕屎喂鱼，两利俱全，十倍禾稼"的生产格局，成为一个基塘式人工生态系统。桑基鱼塘这种农业生态系统，具有生态的适应性和经济上的可行性，它把桑、蚕、鱼有机地联系起来，成为今天受到国内外称赞的良性循环生态模式。

从目前情况看发展较好的生态农业模式有：热带的橡胶林、四川的黄连农场、珠江三角洲的"基塘"系统、江南的稻田养鱼、作物（果树）与食用菌结合、长江流域的多层次养鱼、淮河流域的木本油料与作物间作、黄河南北的林粮间作、枣粮间作、白山黑水的森林结构、北方的"四位一体"生态农业模式、赣南的"猪—沼—果""猪—沼—菜"模式，以及遍及全国的各种生态型庭院经济等，高效典型比比皆是。

自然传奇丛书

生态农业的典范——"桑基鱼塘"

桑基鱼塘系统作为我国生态农业的精华之一，它是劳动人民利用当地生物链和各种自然资源条件创造出来的一种特殊的土地利用方式。经过几百年生产的持续适应，在社会、经济因素的综合影响下，通过一系列演变而形成一种独特的、科学的、良性循环的农业生态系统。下面就让我们一起来了解一下，这个经过几百年发展而形成的生态农业的典范——桑基鱼塘生产模式。

▲珠江三角洲桑基鱼塘系统

自然传奇丛书

闻名遐迩的桑基鱼塘系统主要分布在我国的珠江三角洲和太湖流域，根据因时制宜、因地制宜、因物制宜的"三宜"原则，继承了古人"天人相参"的思想，是应对自然的举措。它是一种通过水陆相互作用，通过多样化的循环和功能交换，使资源得到合理、充分利用。它由陆地子系统、淡水子系统和养蚕子系统等三个子系统组成。桑基鱼塘系统是一种典型的生态——经济——社会复合系统，具有较好的经济效益、生态效益和社会效益。

桑基鱼塘的历史

桑基鱼塘系统早在 9 世纪已在太湖流域形成，14 世纪得到迅速发展。其典型分布区在浙江湖州菱湖、江苏东山。珠江三角洲的桑基鱼塘也有四

▲桑树

▲养蚕

自然传奇丛书

百多年的历史，明代中叶在顺德县志中已有记载。当时，珠江三角洲的蚕丝业已经相当发达，养蚕的效益大大高于种稻与果树，促进了桑基鱼塘的迅速发展。17世纪90年代，广东的生丝大量出口，因而刺激了蚕桑生产，形成了桑基鱼塘的大发展期。至清末，桑基鱼塘面积已超过100万亩。20世纪初，第一次世界大战后，欧洲的蚕桑生产受到重创，转向中国进口生丝，进一步刺激了蚕桑生产，是桑基鱼塘的全盛时期。1930年后，蚕桑业开始衰退，桑基鱼塘面积缩小，部分为蔗基鱼塘代替。1980年后，由于商品经济的发展和人民物质生活水平的提高，桑基鱼塘系统出现了演变模式，比如基鱼塘（香蕉、柑橘、荔枝、龙眼等）、花基鱼塘、杂基鱼塘（蔬菜、豆类、牧草）等。

桑基鱼塘系统的结构

桑基鱼塘系统由基和塘两部分构成，基面是陆地生态系统，具有作物的初级生产力，鱼塘是淡水生态系统，既具有初级生产力，也有次级生产。基面种桑、桑叶养蚕、蚕沙喂鱼、塘泥肥桑，通过桑叶、蚕沙、塘泥之间的物质循环和能量流动联成一个完整的农业生态系统。该系统由桑基种桑、养蚕的陆地生态系统和鱼塘里的水生生态系统构

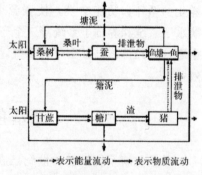
·····►表示能量流动 ──►表示物质流动
▲桑基鱼塘系统的结构

成一个水陆资源相互作用的人工生态系统，具有适合农、渔、牧不同生物生长发育的多层次的生态空间。

桑基鱼塘的实践和发展

桑基鱼塘系统作为一个特殊的复合农业生态工程，日益受到重视。目前，各地根据复合农业生态系统工程原理建造了多种生态工程模式，恢复农业生产过程中正常的自然循环系统是农业持续发展的新趋势。在这种形势下，体现我国生态农业精华所在的桑基鱼塘系统，在国际上也受到重视。虽然国外基塘系统的形式和生产过程发生了变化，但它

▲桑基鱼塘系统

所借鉴和体现的是桑基鱼塘系统充分利用水陆资源、能量和物资循环利用的原理。

桑基鱼塘系统具有较高的经济效益和生态效益，为农村剩余劳动力提供出路，适合我国人多地少的国情，也是改造利用低洼积水地的新途径。广东曾引进国际农业发展基金会的贷款用于改造低洼积水地，建立了几种新的基塘立体种养模式，如香蕉＋香菇＋象草＋鸡＋鸭＋鳞＋编＋鳞＋塘虱等模式。这些基塘立体种养模式的土地利用率较高，生产总产量高，减少对农业系统肥、饲料的投入，有机废物得到合理利用，经济效益高。另外，近似基塘系统水陆相互作用的田塘系统在我国也正迅速推广，虽然它们的作物种类与桑基鱼塘有所差别，但它们所起到的作用基本相同。主要有滨海地区的田塘系统，内河低洼积水地的基塘系统和盐碱地的田塘系统等。因此，在我国传统农业中起过重要作用的桑基鱼塘的理论和实践，在生态农业中也有重要的意义。

提高桑基鱼塘效益的措施

加强塘基管理，塘基桑树的生长好坏，产叶量高低，叶质优劣，直接

▲ "桑基鱼塘"

影响到茧、丝、鱼的产量和质量。因此，培管好塘基桑树，增加产叶量，是提高桑基鱼塘整体效益的关键。塘基桑园的高产栽培技术，应坚持"改土、多肥、良种、密植、精管"十字措施，以达到快速、优质、高产的目的，实现当年栽桑，当年养蚕、当年受益。

改土。挖掘鱼塘，使原来肥沃疏松的表土、耕作层变为底土层，而原底土层填在塘基表面，作为新耕土层，虽有机质含量有所增加，但还原性物质也在增多。若干年后，因桑基随着逐年大量施用塘泥肥桑而随之提高，基面不断缩小，影响桑树生长。所以，塘基要进行第二次改土工作，将高基挖低，窄基扩宽，整修鱼塘。

多肥。应掌握增施农家有机肥料和间作绿肥的原则。一是要施足栽桑的基肥；二是在桑树成活长新根后，施速效氮肥促进桑树枝叶生长，以利用采叶饲养中秋或晚秋蚕；三是桑树生长发育阶段要求养一次蚕施一次肥；四是在冬季结合清塘，挖掘一层淤泥上基，这样即净化了鱼塘，又为基上桑树来年生长施足了基肥。

良种。塘基栽桑，应选用优质高产的嫁接良桑品种。

密植。塘基因经过人工改土，土层疏松，挖浅沟栽桑即可。又因塘基地下水位高，桑树根系分布浅，宜密植。

精管。塘基栽桑后，桑树中耕、除草、施肥、防治病虫害，合理采伐等培管都必须抓好，确保塘基桑园高产稳产，提高叶质。

点击

在栽桑前应将塘基上的土全部翻耕一次，让其冬天冰冻风化，增强土壤通透性能，提高土壤保水、保肥能力。

原生态的农药——生物防治

虽然现在我们已经发明了各种各样的农药、除草剂、杀虫剂等，但是由于这些产品对于环境来说，具有极大的毒副作用，对整个地球，甚至人类的生存都会产生严重的影响。我们可以从另一个角度出发，自然界是一个平衡的自然界，由于生物链的存在，我们根本不需要那些危害环境的东西，我们只需要原生态的农药——生物防治就可以了。现在就让我们一起来了解一下这神奇的原生态的农药。

▲猫吃老鼠

生物防治简介

▲苹果棉蚜虫

生物防治就是利用生物链，用一种生物对付另外一种生物的方法。生物防治，大致可以分为以虫治虫、以鸟治虫和以菌治虫三大类。它是降低杂草和害虫等有害生物种群密度的一种方法。它利用了生物物种间的相互关系，以一种或一类生物抑制另一种或另一类生物。其主要措施是保护和利用自然界害虫的天敌、

自然传奇丛书

繁殖优势天敌、发展性激素防治虫害等。它的最大优点是不污染环境，是农药等非生物防治病虫害方法所不能比的，是人类依靠科技进步向病虫草害做斗争的重要措施之一。

保护和利用自然界害虫天敌，即以虫治虫和以鸟治虫是生物防治的有效措施。我国20世纪50年代南方柑橘产区引进澳洲瓢虫防治柑橘吹绵蚧，北方果区引进日光蜂防治苹果棉蚜虫，均取得良好的防治效果。利用瓢虫、蜘蛛、食蚜蝇、草铃虫等大面积防治小麦蚜虫和棉花蚜虫取得进展。

▲苏云金杆菌

以菌治虫是20世纪80年代新兴的生物防治技术，它是利用昆虫的病原微生物杀死害虫。这类微生物包括细菌、真菌、病毒、原生物等，对人畜均无影响，使用时比较安全，无残留毒性，害虫对细菌也无法产生抗药性，因此，微生物农药的杀虫效果在所有防治技术中名列前茅。昆虫的病原微生物主要是苏云金杆菌等十几科类型，它能在害虫新陈代谢过程中产生一种毒素，使害虫食入后发生肠道麻痹，引起四肢瘫痪，停止进食；有的细菌进入害虫血腔后，大量繁殖，引起害虫败血症而死亡。苏云金杆菌防治玉米螟、稻苞虫、棉铃虫、烟素虫、菜青虫均有显著效果，成为当今世界微生物农药杀虫剂的首要品种。

生物防治的发展

据《南方草木状》的记载，在南方经常可以看到，有人提着一种用席子做成的口袋上街叫卖，口袋中放有许多树枝树叶，枝叶上挂着虫茧，虫茧看上去就像薄絮，里面裹着一种虫蚁，这种虫蚁颜色为赤黄色，比普通的蚂蚁要大一些，卖的时候连同虫茧一起卖掉。为什么会出现这种景象？

这是因为南方盛产柑橘，柑橘树上有一种害虫，专门危害果实，而这种虫蚁就是为了防治这种柑橘害虫，如果没有这种虫蚁的话，橘子会被害虫吃得无一完好。这种利用虫蚁防治柑橘害虫的记载，就是已知最早的生物防治。

在中国历史上，除了用蚁防治柑橘害虫以外，还有很多利用益鸟和青蛙防治害虫的例子。然而对于益鸟和青蛙的利用具有一定的偶然性。于是，人们又从益鸟吃虫中得到启发，发明了养鸭治虫，每当春夏之间，便将鸭子赶到田地里去吃蝗虫。后来，这种方法成为江南地区治蝗的重要办法之一。养鸭不仅可以用来治蝗，同时还可用来防治蟛蜞。养鸭治虫，是中国历史上利用最为广泛的一种生物防治，它不仅可以消灭害虫，保护庄稼，同时还能促进养殖业的发展，起到化害为利的效果，是中国生物防治史上一项了不起的发明。

点击

蟛蜞，是螃蟹的一种，它以谷芽为食，因此，成为稻田害虫之一。明代，珠江流域地区的人们已开始养鸭来防治蟛蜞对水稻的伤害。

生物防治的方法

▲蛇

1. 利用微生物防治

常见的有应用真菌、细菌、病毒和能分泌抗生物质的抗生菌，如应用白僵菌防治马尾松毛虫（用真菌防治），苏云金杆菌各种变种制剂防治多种林业害虫（用细菌防治），病毒粗提液防治蜀柏毒蛾、松毛虫、泡桐大袋蛾等（用病毒防治），5406防治苗木立枯病（用放线菌防治）微孢子虫防治舞毒蛾等的幼虫（用原生动物防治），泰山

自然传奇丛书

1号防治天牛（用线虫防治）。

2. 利用寄生性天敌防治

主要有寄生蜂和寄生蝇，最常见有赤眼蜂、寄生蝇防治松毛虫等多种害虫，肿腿蜂防治天牛，花角蚜小蜂防治松突圆蚧。国际研究人员有对付小菜蛾的强大武器——比它还小的蜂。小菜蛾在日本是对农作物破坏性最大的害虫。它的幼虫吞食茎椰菜、结球甘蓝、花椰菜、小萝卜和抱子甘蓝。小菜蛾的天敌蜂很小很小，不用放大镜是难以看见它的。它在产卵时，会把卵下在小菜蛾的幼虫体内。当蜂卵孵化成幼蜂时，幼蜂便会吃掉小菜蛾的幼虫。

3. 利用捕食性天敌防治

这类天敌很多，主要为食虫、食鼠的脊椎动物和捕食性节肢动物两大类。鸟类有山雀、灰喜鹊、啄木鸟等捕食害虫的不同虫态。鼠类天敌如黄鼬、猫头鹰、蛇等。节肢动物中捕食性天敌有瓢虫、螳螂、蚂蚁等昆虫外，还有蜘蛛和螨类。

4. 性诱杀虫剂

性诱杀虫剂是用化学不育剂使害虫失去繁殖力，造成绝育而达到杀虫的目的。

5. 遗传防治

遗传防治是通过改变有害昆虫的基因成分，使它们后代的活力降低，生殖力减弱或出现遗传不育。此外，利用一些生物激素或其他代谢产物，使某些有害昆虫失去繁殖能力，也是生物防治的有效措施。

 万花筒

美国科学家在防治危害牲畜的螺旋锤幼虫的过程中，查清昆虫的生命周期及其交配过程，在实验条件下培养出大量的雄性不育螺旋锤蝇，然后释放出去与雌蝇交配，使之无法产卵育孵，害虫数量大大减少。

生物防治的意义

由于化学农药的长期使用，一些害虫已经产生很强的抗药性，许多害虫的天敌又大量被杀灭，致使一些害虫十分猖獗。许多种化学农药严重污染水体、大气和土壤，并通过食物链进入人体，危害人群健康。利用生物防治病虫害，就能有效地避免上述缺点，因而具有广阔的发展前途。

二战中的"生物链"战争

苏联斯摩棱斯克大学伊戈尔·瓦连京博士是个动物研究专家。他在工厂里看到人们为了维修机器内部一点很小的故障，而不得不花费大量的时间和精力，有时甚至不惜将一些外部零件破坏。瓦连京博士就想，如果能让那些身体短小的老鼠进去维修，将会既省时又省力，于是他便致力于教老鼠掌握维修技能。就在他的研究取得很大进展的时候，苏德战争爆发了。

瓦连京博士又突发奇想，把反坦克犬与他所钟爱的老鼠研究项目联系起来。他的构想是，老鼠进入德军的坦克引擎里，然后咬断里面的金属线，坦克外观上一点问题也没有，而功能却全部丧失。他的想法得到了军方的支持。他很快便训练了一批"老鼠战士"。这些"老鼠战士"只要看到、听到或闻到德军坦克，便会立即钻进引擎里，破坏油路、电路，使之彻底瘫痪。

1942年11月，瓦连京博士的"老鼠战士"们乘上了飞机，当然并不是去旅行，而是去参战。飞行员把它们从低空飞行的飞机上投向德军的阵地，投放的目标是正在实施进攻的德军精锐的第22装甲师的进攻轴线。这些老鼠落地后一嗅到德军坦克的味道，便争先恐后地钻进了坦克或装甲车的引擎里，用它们在训练营里磨砺出的锐利的牙齿，啃咬着坦克内部的金属丝。就这样，一辆辆德军的坦克在行进中突然就停止了前进，火控系统也出了故障，既动不了又打不了，有的坦克只好乖乖地做了俘虏。在打扫战场时，人们从缴获的德国坦克内部证实了老鼠们在这次战斗中所做出的突出贡献，一只名叫"米克黑尔"的老鼠还被授予了一枚特殊的荣誉勋章——"苏联英雄"勋章，它也成为战争史上唯一一只获得过荣誉勋章的老鼠。

然而好景不长，在随后的一次战斗中，德国人击落了一架苏军飞机。他们惊异地发现飞机上所运载的既不是武器弹药，也不是粮食给养，而是一些活蹦乱跳的老鼠。起初他们还以为是苏联人用老鼠传播疾病对他们实施生化攻击，然而检测结果证明，那些老鼠不仅身体健壮，而且智商超群，并不携带任何病菌。他们无意中发现跑掉的老鼠都往坦克里钻，才把它们与战场上那些莫名其妙熄火的坦克联系起来。于是德国人想到了用老鼠的天敌来前线助战的方法。

他们开展了全国范围的征猫活动。德国的猫不够用，他们便到其盟国征召。到1942年年末，德军把征召到的猫分配给有进攻任务的装甲部队。在发现有老鼠活动的地区，这些猫便会被放出去，吃掉前来冒犯的老鼠。

瓦连京博士眼看着自己精心培养的老鼠成了德国及其协约国猫的盘中餐，心中很是着急。情急之下，他从正在从事的狗的研究中找到了解决的办法。瓦连京博士提出空投老鼠时同时也空降一些狗。俗话说，狗拿耗子多管闲事，也就是指狗是不吃耗子的，但狗对猫却是一种极大的威胁。那些狗会替老鼠当保镖，追逐那前来抓它们的群猫，从而掩护老鼠安心作战。就这样，动物们你追我赶争相为它们的祖国征战效力，演绎出战争史上的绝无仅有的"生物链"大战奇观。

密林里的战争——人虫恶斗，蚂蚁帮忙

三月正是春暖花开的季节，但在云南省普洱市的松树中，人们却发现一种非常可怕的虫子正在迅速蔓延，它们昼夜不休地啃食着嫩绿的松针，几天的时间整片的山林就会被它们全部吃光。更可怕的是，人的皮肤一旦碰触到它们浑身长长的毒毛，轻的红肿溃烂，重则四肢疼痛。那么，这究竟是什么虫子，它为什么会突然间爆发成灾呢？

▲危害森林的松毛虫

自然传奇丛书

这个冬天比往年都要暖和，在云南省普洱市的一片松树林中，正在割松脂的村民突然发现了一个奇怪的现象：高高的松树上，四处都挂满一种白色的"小灯笼"，而将它们的外壳剥开后，里面是一条条还在蠕动的蛹。村民们虽然感到有些奇怪，但谁也没有想到，一场可怕的灾难已经埋下了祸根。

转眼就是春暖花开的三月，但人们却惊奇地发现，仿佛一夜之间，松树林里就出现了一种非常可怕的虫子，它们拼命地吞食着刚长出来的松针，而遍布全身的毒毛，更是异常可怕。

贪婪的虫子日夜不休地吞食着

▲蚂蚁

松针，短短几天，它们的个头就越长越大，整片整片的松树林已经被它们占领。情急之下，村民们开始想出各种办法来对付它们。

人们还用刷子把石灰水涂在树干上，想通过这样的办法来控制虫灾的蔓延，而有些人则想让饲养的家禽来对付虫子，但鸡鸭对这些毛茸茸的东西却根本不敢下口，所有的努力全都收效甚微。而此时，大量疯狂的虫子已经将一些树的松针全部吃光，松树开始渐渐枯死。

那么，这种可怕的虫子究竟是何方神圣？

原来这种虫子名叫思茅松毛虫，属于昆虫中的鳞翅目枯叶蛾科，它生长迅速而且破坏性极为惊人。连续几年的暖冬，也使越冬的幼虫死亡率变低，加上防治措施不得力，所以开春后才造成了这次多达百万亩面积的虫灾爆发。尽管如此，林业部门还是阻止村民像往年一样使用化学杀虫剂。因为大量的化学农药上来以后，虽然可以很快地扑灭这个松毛虫，但是对环境的污染比较大。而且只能短期有效，从长期来讲，控制不了这个松毛虫。

点击——松毛虫的危害

松毛虫它不仅危害森林，而且如果它的毛沾到我们身上，皮肤马上会红肿溃烂，如果它的毛顺风飘落到水潭中，还会污染水源。1979年我国某省爆发了大面积的松毛虫，并且致使5万多人也得了松毛虫病。

虫灾还在迅速地蔓延，无奈的村民开始采取一种最为原始的灭虫方法——捉虫。一旦捉到了虫子，人们就将它们一袋袋倒进油桶里进行焚烧，但这样的方法显然治标不治本，眼前的虫灾似乎已经得到了有效的控制。但是冬季很快又来临了，树枝上再次挂满了白色的虫茧，人们这才明白，一场旷日持久的战争刚刚开始。

松毛虫的危害一天比一天严重，随着虫灾的持续发生，越来越多的人主动加入了这场没有硝烟的战争，西南林学院森林保护学教授徐正会就是其中的一个。由于长期从事蚂蚁分类学的研究，徐正会几乎走遍了云南省的所有森林，但与别人不同，在得知松毛虫一天比一天猖獗后，他并没有想着直接上山抓虫，而是突然想起了曾无意中见过的一幕。

▲蚂蚁捕食

▲乌木举腹蚁巢穴

▲蚂蚁之战

那是一个阳光明媚的下午，一只小蚂蚁叼着食物高兴地往家跑去，在它的身后，一场杀戮正在进行。数十只黑黄相间的小蚂蚁正齐心协力地进攻着一条奄奄一息的松毛虫，而同伴还在不断地赶来。训练有素的它们分工明确，这几只专门负责进攻猎物的脑袋，这看起来似乎有些困难。但没一会儿，它们成功了，松毛虫的脑袋竟然被生生地咬了下来。小伙伴们看起来也有些兴奋，为了将庞大的猎物搬运回家，两只小蚂蚁一前一后开始用力，很快，庞大的猎物就被拖走了，这将是它们好几天的美食。

蚂蚁能够吃松毛虫，徐正会的脑海中冒出了一个让他有些兴奋的想法。如果能让无数的蚂蚁来主动攻击松毛虫，不仅可以节省大量的人力物力，又避免了杀虫剂污染环境，可以说是一举两得。

那么在经历了多次的尝试和失败之后，人类终于想到了生物防治这样一条途径，比如说内蒙古河套地区就曾经引进了大斑啄木鸟，去对付穷凶极恶的光肩星天牛，获得了极大的成功。那么对于松毛虫而言，有什么会是它的天敌呢？杜鹃、喜鹊、赤眼蜂、寄生蜂等等这些都是它的天敌，就比如说山东日照，人们就驯养灰喜鹊来对付松毛虫，取得了相当好的结果。

利用生物防治既不会把这种所谓的害虫消灭干净，同时又能把它的数

自然传奇丛书

量控制在允许的范围之内，保持了生态的平衡。可是喜鹊这个东西本身是长期留居在东北还有华北地区的一种平原鸟类，很不适合云南地区，因此看来这个办法行不通，所以人们就想到了蚂蚁，尤其是徐正会教授。

▲蚂蚁杀手

多年来对蚂蚁的了解和研究，让徐正会教授决心着手试一试。但是，一个非常棘手的问题很快就出现了，面对张牙舞爪的松毛虫，究竟该选择哪一种蚂蚁呢？

在人类看来，蚂蚁不仅个头小而且长相相似，但实际上它们的种类却异常繁多，在蚂蚁的世界里，已知的种类多达9538种。但即便如此，可供选择的蚂蚁种类却仍然不多，因为绝大多数的蚂蚁都住在地面之下。

经过层层选拔，徐教授将硕大的乌木举腹蚁巢穴搬到了松毛虫猖獗的森林中，但由于无意中侵犯了蚂蚁世界里可怕杀手黄猄蚁的领地，引发了一场两类蚂蚁之间的生死之战，乌木举腹蚁几乎被赶尽杀绝。

黄猄蚁生性凶猛，在热带地区堪称一带霸主，在我国主要分布在两广和云南的南部地区。它通体金黄色，上颚异常发达，犹如一对锋利的钳子，而它最厉害的武器，是由腹部末端喷射出的腐蚀性很强的化学武器——蚁酸。

徐教授萌生了一个新的想法：能不能让更为凶猛的黄猄蚁也加入攻击松毛虫的行列，从而与乌木举腹蚁协同作战呢？但首先要做的，就是阻止两种蚂蚁自相残杀。想到这一点，徐教授赶紧爬上树，将乌木举腹蚁的蚁巢取下，然后重新在森林里找到合适的树木，最后将蚁巢悬挂上去。

有人可能会疑惑为什么当初不选黄猄蚁？当地就有而且这么凶狠，肯定防治松毛虫它是把好手。当时徐教授也想过这个问题，只不过首先它的巢穴一般比较难找，都位于高达一二十米的树上，弄下来实在太不方便；其次这家伙实在是太凶残了，一开始对它是心存忌惮，所以没有敢利用它。但是没有想到，现在在这地方居然就发现它了。

在西双版纳大量的橡胶林中，几乎百分之四十五的树木都是黄猄蚁的领地，一旦黄猄蚁在一棵树上安营扎寨，那么所有的害虫都将无法立足。

自然界的大宝库

这样的场面每天都在上演。一只蟋蟀正在惊恐地挣扎着，它的一条腿被一只黄猄蚁死死咬住。剧痛让蟋蟀拼命地挣扎。几只黄猄蚁尾随而至。经过简单的磋商后，它们分别占据了不同的角度，尽管惊恐的蟋蟀四处躲避，但它的脑袋还是被黄猄蚁一口咬住。虎钳一般的牙齿让蟋蟀再也无法挣扎。没多久，蟋蟀的一只大腿就被卸了下来。最后，昏迷的蟋蟀被黄猄蚁抬回了高高的家里，成了它们的盘中餐。

日升日落，时光如梭。两个月后，春天终于来临了，万物复苏。而松毛虫也破壳而出，嫩绿的松针上开始出现它们的身影，和往年一样，它们嚣张地四处游走，并且大口大口贪婪地啃食着新鲜的叶子。而经过一段时间的休养生息，乌木举腹蚁的地盘也已经扩张得越来越大，四处都是它们忙碌的身影。

来来回回的蚂蚁们都发现了不同的目标，它们悄无声息地围了上去。没有过多的试探，蚂蚁一口就咬住了松毛虫。战斗正式打响了，每只松毛虫都遭遇到了举腹蚁的伏击，尽管个头不大，但蚂蚁的力气相当不小。疼痛难忍的松毛虫拼命地扭动着身躯，有些则慌不择路地想要逃跑。而这时，早已埋伏在地面上的蚂蚁就冲上前去，死死地咬住松毛虫，一场恶战开始了。而无数的同伴也正在源源不断地赶来。

全民皆兵的乌木举腹蚁逼得松毛虫走投无路，而另一片战场上，黄猄蚁也开始对松毛虫发动了更为猛烈的进攻。和乌木举腹蚁不同，要结束一场战斗，两三只黄猄蚁已经绰绰有余。一旦黄猄蚁的大牙将松毛虫死死按在地上，等待松毛虫的就只有死亡。

一个多月的战斗，蚂蚁们大获全胜。

 点击

移植蚂蚁要考虑三个原则：第一是移植的蚂蚁要有捕食性和攻击性，第二是移植的蚂蚁的数量要大，第三是方便移植。

自然传奇丛书

保护生物链——保护生物多样性

地球不是我们人类的地球，地球是所有生物的地球，在这颗美丽的星球之上，有着各种各样数不清的生物。生物多样性是大自然的宝库，它的价值是无法估计的。保护生物多样性，就是保护生物链，就是保护我们人类自己。那么现在就让我们一起来了解一下大自然的这个宝库。

生物多样性

20 世纪 80 年代以后，人们在开展自然保护的实践中逐渐认识到，自然界中各个物种之间、生物与周围环境之间都存在着十分密切的联系，因此自然保护仅仅着眼于对物种本身进行保护是远远不够的，往往也是难以取得理想效果的。要拯救珍稀濒危物种，不仅要对所涉及物种的野生种群进行重点保护，而且还要保护好它们的栖息地。或者说，需要对物种所在的整个生态系统进行有效地保护。在这样的背景下，生物多样性的概念便应运而生了。

1992 年，联合国环境与发展大会在巴西的里约热内卢举行，世界许多国家都派出代表团参加会议。我国领导人也参加了这次盛会。在这次大会上，通过了《生物多样性公约》，标志着世界范围内的自然保护工作进入到了一个新的阶段，即从以往对珍稀濒危物种的保护转入到了对生物多样性的保护。

生物多样性指的是地球上生物圈中所有的生物，即动物、植物、微生物，以及它们所拥有的基因和生存环境。它包含三个层次：遗传多样性、物种多样性、生态系统多样性。

遗传多样性

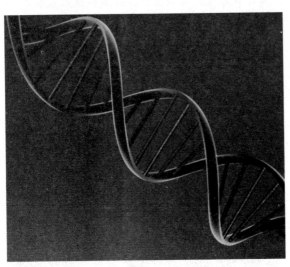

▲DNA 双螺旋

遗传多样性是生物多样性的重要组成部分。遗传多样性是指地球上生物所携带的各种遗传信息的总和。这些遗传信息储存在生物个体的基因之中。因此，遗传多样性也就是生物的遗传基因的多样性。任何一个物种或一个生物个体都保存着大量的遗传基因，因此可被看作是一个基因库。一个物种所包含的基因越丰富，它对环境的适应能力越强。基因的多样性是生命进化和物种分化的基础。

物种多样性

物种是生物分类的基本单位。物种多样性是指地球上动物、植物、微生物等生物种类的丰富程度。物种多样性包括两个方面，其一是指一定区域内的物种丰富程度，可称为区域物种多样性；其二是指生态学方面的物种分布的均匀程度，可称为生态多样性或群落物种多样性。物种多样性是衡量一定地区生物资源丰富程度的一个客观指标。

生态系统多样性

生态系统是各种生物与其周围环境所构成的自然综合体，所有的物种都是生态系统的组成部分。在生态系统之中，不仅各个物种之间相互依赖，彼此制约，而且生物与其周围的各种环境因子也是相互作用的。生态系统多样性是生物及其所生存的环境类型的多样性。

点击

　　遗传多样性是物种多样性和生态系统多样性的基础，或者说遗传多样性是生物多样性的内在形式。物种多样性是构成生态系统多样性的基本单元。因此，生态系统多样性离不开物种的多样性，也离不开不同物种所具有的遗传多样性。

我国生物多样性的特点

　　我国是地球上生物多样性最丰富的国家之一。我国的生物多样性在世界生物多样性中占有重要地位。1990 年生物多样性专家把我国生物多样性排在 12 个全球最丰富国家的第 8 位。在北半球国家中，我国是生物多样性最为丰富的国家。我国生物多样性的特点如下。

　　1. 物种丰富

　　我国有高等植物 3 万余种，仅次于世界高等植

▲野驴

物最丰富的巴西和哥伦比亚。在全世界现存裸子植物 15 科 850 种中，我国就有 10 科，约 250 种，是世界上裸子植物最多的国家。我国有脊椎动物 6000多种，约占世界种数的 14％。

　　2. 特有属、种繁多

　　我国高等植物中特有种最多，约 17300 种，占世界高等植物的 57％以上。581 种哺乳动物中，特有种约 110 种，约占 19％。尤为人们所注意的

▲水杉

▲中药人参

是有活化石之称的大熊猫、白鳍豚、水杉、银杏、银杉和攀枝花苏铁，等等。

3. 栽培植物、家养动物的种类也很丰富

我国有数千年的农业开垦历史，很早就对自然环境中所蕴藏的丰富多彩的遗传资源进行开发利用、培植繁育，因而我国的栽培植物和家养动物的丰富度在全世界是独一无二、无与伦比的。例如，我国有经济树种 1000 种以上，药用植物 11000 多种，牧草 4000 多种，原产于我国的重要观赏花卉超过 2000 种，等等。

4. 生态系统的类型丰富

我国具有陆生生态系统的各种类型，包括森林、草原、荒漠、高山冻原等各种类型的生态系统。除此之外，我国海洋和淡水生态系统类型也很齐全。我国幅员辽阔，不同的气候和土壤条件，形成了多种多样的生态系统。

生物多样性的价值

生物资源也就是生物多样性，有的生物已被人们作为资源所利用，另有更多生物，人们尚未知其利用价值是一种潜在的生物资源。生物多样性的价值往往不被人们所重视，一般人们利用生物资源时，没有经过市场流通而直接被消费。生物多样性具有很高的开发利用价值，在世界各国的经济活动中，生物多样性的开发与利用均占有十分重要的地位。生物多样性的价值主要有直接价值和间接价值。

直接价值

　　直接价值也叫使用价值或商品价值，是人们直接收获和使用生物资源所形成的价值，包括消费使用价值和生产使用价值两个方面。

　　消费使用价值：指不经过市场流通而直接消费的一些自然产品的价值。生物资源对于居住在出产这些生物资源地区的人们来说是十分重要的。人们从自然界中获得薪柴、蔬菜、水果、肉类、毛皮、医药、

▲各种各样的蔬菜

建筑材料等生活必需品。尤其在一些经济不发达地区，利用生物资源是人们维持生计的主要方式。

　　生产使用价值：指商业上收获时，用于市场上进行流通和销售的产品的价值。生物资源的产品一经开发，往往会具有比其自身高出许多的价值，常见的生物资源产品包括：木材、鱼类、动物的毛皮、麝香、鹿茸、药用动植物、蜂蜜、橡胶、树脂、水果、染料等。

间接价值

　　生物资源的间接价值是与生态系统功能有关，它们的价值可能大大超过直接价值。生物多样性的间接价值包括非消费性使用价值、选择价值、科学价值。

　　1. 非消费性使用价值

　　光合作用固定太阳能，使光能经绿色植物进入食物链、污染物的吸收和分解、生态旅游、保护土壤、调节气候、稳定水土等。

　　2. 选择价值

　　保护野生动植物资源，以尽可能多的基因，可以为农作物或家禽，家畜的育种提供更多的可供选择的机

▲生态旅游

自然传奇丛书

会。现在自然界的许多野生动植物，也许现在我们无法利用，其价值是潜在的。也许我们的子孙后代能发现其价值，找到利用它们的途径，因此多保存一个物种，就会为我们的后代多留下一份宝贵的财富。

3. 科学价值

有些动植物物种在生物演化历史上处于十分重要的地位，对其开展研究有助于搞清生物演化的过程。

生物多样性受到威胁的原因

人口迅猛增加

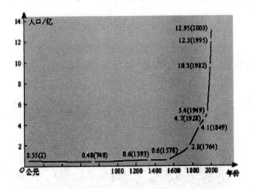

▲我国人口的增长速度

19世纪工业革命后，人口的增加就成了全球的主流。1830年全球人口只有10亿，1930年达到20亿，2000年达到了60亿，现在达到65亿。人口增加后，必须扩大耕地面积，满足吃饭的需求，这样就对自然生态系统及生存其中的生物物种产生了最直接的威胁。

生物多样性减少最重要的原因是生态系统在自然或人为干扰下偏离自然状态，生态环境破碎，生物失去家园。

随着人类的发展，环境污染也加剧。环境污染会影响生态系统各个层次的结构、功能和动态，进而导致生态系统退化。环境污染对生物多样性的影响目前有两个基本观点：一是由于生物对突然发生的污染在适应上可能存在很大的局限性，故生物多样性会丧失；二是污染会改变生物原有的进化和适应模式，生物多样性可能会向着污染主导的条件下发展，从而偏离其自然或常规轨道。环境污染会导致生物多样性在遗传、种群和生态系统三个层次上降低。

自然传奇丛书

外来物种入侵

外来物种的入侵从字面上理解是增加了一个地区的生物多样性，事实上对于生态平衡和生物多样性来讲，生物的入侵是个打破生态平衡的过程，这种平衡一旦打乱，就会失去控制而造成危害，这对于当地的生态多样性来说甚至是灭顶之灾。

万 花 筒

生物入侵

据统计，目前入侵中国的外来生物已达 400 余种，造成的直接损失就达数千亿元人民币，而其对生物环境的破坏更是令人触目惊心。

生物多样性的保护

生物多样性的保护，包括就地保护、迁地保护以及加强教育和法制管理等。

就地保护是指为了保护生物多样性，把包含保护对象在内的一定面积陆地或水体划分出来，进行保护和管理。就地保护的对象，主要包括有代表性的自然生态系统和珍稀濒危动植物的天然集中分布区等，就地保护是保护生物多样性最有效的措施，主要手段就是建立自然保护区。

▲长白山自然保护区

我国现在已经建成了许多生态系统类型的自然保护区和珍稀动植物类型的自然保护区。例如，为了保护温带森林生态系统，在吉林省建立了长白山自然保护区；为了保护斑头雁、棕头鸟等鸟类和它们的生存环境，在青海省建立了青海湖鸟岛自然保护区。到 2000 年初，我国已经有 16 个自

▲《中华人民共和国野生动物保护法》

然保护区加入"世界生物圈保护区网"中。

迁地保护是指为了保护生物多样性，把由于生存条件不复存在、物种数量极少或难以找到配偶等原因，生存和繁衍受到严重威胁的物种迁出原地，移入动物园、植物园、水族馆和濒危动物繁育中心，进行特殊的管理和保护。迁地保护是就地保护的补充，它为行将灭绝的生物提供了生存的最后机会。

加强教育和法制管理。要做好生物多样性的保护工作，重要的任务是教育广大民众，使每一位公民都能从增强环境保护意识的高度，自觉地提高生物多样性保护的自觉性，积极参加生物多样性保护的各项活动。

为了保护生物多样性，我国相继颁布了《中华人民共和国森林法》《中华人民共和国野生动物保护法》《中国自然保护纲要》等法律文件。《中国自然保护纲要》中规定，"对于珍稀濒危物种，要严格保护，除特殊需要经过批准，禁止一切形式的猎采和买卖"。上述法律和文件的颁布和实施，对于我国生物多样性的保护起着重要的作用。